WTB

Wissenschaftliche Taschenbücher

Chemie

Horst Hennig
Detlef Rehorek

Photochemische und photokatalytische Reaktionen von Koordinationsverbindungen

THEORIA CUM PRAXI

Akademie-Verlag Berlin

Wissenschaftliche Taschenbücher

CHEMIE

Eine Auswahl lieferbarer Bände:

Klaus Budde / Helmut Bulle
Helmut Rückauf
Stöchiometrie chemisch-technologischer Prozesse

Werner Döpke
Dynamische Aspekte der Stereochemie organischer Verbindungen

Siegfried Hauptmann
Über den Ablauf organisch-chemischer Reaktionen

Peter Hellmold
Hochtemperaturreaktionen
Eine Einführung

Hans-Werner Kammer / Kurt Schwabe
Einführung in die Thermodynamik irreversibler Prozesse

Horst Kehlen / Frank Kuschel
Horst Sackmann
Grundlagen der chemischen Kinetik
3., bearbeitete Auflage

Reinhard Kirmse / Joachim Stach
ESR-Spektroskopie
Anwendungen in der Chemie

Hasso Meinert
Fluorchemie
Zur Chemie und Anwendung

Evgeni E. Nikitin / Lutz Zülicke
Theorie chemischer Elementarprozesse

Reaktive Zwischenstufen in der organischen Chemie

Dieter Onken
Antibiotika
Chemie und Anwendung
2., bearbeitete Auflage

Ernst Schmitz
Organische Zwischenprodukte

Joachim Schuppan
Theorie und Meßmethoden der Konduktometrie

Anwendungen der Konduktometrie

Wolfgang Wagner
Chemische Thermodynamik
4., bearbeitete Auflage

Günther Wagner / Hans Kühmstedt
Pharmazeutische Chemie
5., bearbeitete und erweiterte Auflage

WTB

BAND 300

Horst Hennig
Detlef Rehorek

Photochemische und photokatalytische Reaktionen von Koordinationsverbindungen

Mit 56 Abbildungen, 2 Schemata und 5 Tabellen

AKADEMIE-VERLAG BERLIN

Reihe CHEMIE

Herausgegeben im Auftrage der Akademie der Wissenschaften der DDR

von:

Prof. Dr. Dr. h. c. mult. H. Klare, Berlin

Verfasser:

Prof. Dr. sc. nat. Horst Hennig

Doz. Dr. sc. nat. Detlef Rehorek

Karl-Marx-Universität Leipzig
Sektion Chemie
Wissenschaftsbereich Anorganische Chemie

ISBN 3-05-500299-7
ISSN 0084-0971

1987
Erschienen im Akademie-Verlag Berlin, DDR-1086 Berlin,
Leipziger Straße 3—4

Lizenznummer: 202 · 100/481/87
Printed in the German Democratic Republic
Gesamtherstellung: VEB Druckhaus „Maxim Gorki", 7400 Altenburg
Lektor: Gisela Güntherberg
LSV 1214
Bestellnummer: 763 688 2 (7300)

01250

Vorwort

Mit der vorliegenden Darstellung über photochemische und photokatalytische Reaktionen von Koordinationsverbindungen widmen sich die Autoren einem verhältnismäßig jungen Teilgebiet der anorganischen Chemie, dessen Entwicklung ohne Zweifel noch lange nicht abgeschlossen ist. Die Aktualität des behandelten Stoffes bringt es zwangsläufig mit sich, daß einige der hier vertretenen Ansichten zum Widerspruch herausfordern.

Die Autoren wollten mit dem vorliegenden Wissenschaftlichen Taschenbuch weder ein Lehrbuch noch eine Monographie verfassen, sondern den Leser mit den Problemen, Ergebnissen und Möglichkeiten einer aktuellen Forschungsrichtung bekannt machen. Um den Rahmen eines Taschenbuches nicht zu sprengen, haben die Autoren bewußt auf die Erfassung sämtlicher relevanter Originalarbeiten verzichtet und, von wenigen Ausnahmen abgesehen, nur Arbeiten mit Übersichtscharakter in das Literaturverzeichnis aufgenommen, über die der interessierte Leser Zugang zu einer Fülle von Originalarbeiten findet, einschließlich derjenigen, denen wir die im Text zitierten Beispiele entnommen haben.

Für zahlreiche Hinweise und Anregungen sind wir den Herren *Prof. Dr. Dr. h.c. H.-H. Emons* (Freiberg) sowie *Prof. Dr. Dr. h.c. H. G. O. Becker* (Merseburg) sehr zu Dank verpflichtet.

Horst Hennig

Detlef Rehorek

Inhalt

Verwendete Abkürzungen und Symbole

A	Elektronen- oder Energieakzeptor
$*A$	Akzeptor im angeregten Zustand
B	RACAH-Parameter
c	Lichtgeschwindigkeit, Konzentration
c_A, c_B	Konzentration von A, B
CT	Charge Transfer
CTTS	Charge Transfer to Solvent
D	Elektronen- oder Energiedonator
$*D$	Donator im angeregten Zustand
d	Schichtdicke
Dq	Ligandenfeldparameter
E	Energie, Extinktion
$E_{G,A}$	Energiedifferenz zwischen Grund- und angeregtem Zustand
E^0	Standardpotential
$E^0(*M/M^+)$	Oxidationspotential für angeregten Zustand von M
$E^0(M/M^+)$	Oxidationspotential von M
$E^0(*M/M^-)$	Reduktionspotential für angeregten Zustand von M
$E^0(M/M^-)$	Reduktionspotential von M
E_{0-0}	Energiedifferenz zwischen den untersten Schwingungszuständen des Grund- und angeregten Zustandes
f_A	Anteil der Komponente A am Gemisch
$f_{G,A}$	Oszillatorstärke für den Übergang vom Grund- zum angeregten Zustand
ΔG	freie Enthalpie
ΔG^*	freie Aktivierungsenthalpie für die Reaktion im angeregten Zustand
ΔG^0	freie Reaktionsenthalpie
h	PLANCKsches Wirkungsquantum
D^H	Dissoziationsenthalpie
I_0	Intensität des einfallenden Lichtes
I_a	Intensität des absorbierten Lichtes
I_t	Intensität des transmittierten Lichtes
I_{dir}, I_{sens}	Intensität der Emissionsstrahlung bei direkter bzw. sensibilisierter Anregung

IL	Intraligand
IT	Intervalence Charge Transfer
ITCT	Interligand Transmetallic Charge Transfer
$I^*(M-L)$	Bindungsindex für die M—L-Bindung im angeregten Zustand
IPCT	Ionenpaar Charge Transfer
IC	Internal Conversion
ISC	Intersystem Crossing
K	Gleichgewichtskonstante
K_{IP}	Assoziationskonstante für das Ionenpaar
K^*	Gleichgewichtskonstante für angeregten Zustand
k	BOLTZMANN-Konstante, Geschwindigkeitskonstante
k_{el}	Geschwindigkeitskonstante für Elektronenübertragung
k_d	Geschwindigkeitskonstante für strahlungslose Desaktivierung
k_f	Geschwindigkeitskonstante für Fluoreszenz
k_{IC}	Geschwindigkeitskonstante für Internal Conversion
k_{ISC}	Geschwindigkeitskonstante für Intersystem Crossing
k_p	Geschwindigkeitskonstante für Phosphoreszenz
k_q	Geschwindigkeitskonstante für Löschung des angeregten Zustandes
k_{qS}, k_{qT}	Geschwindigkeitskonstante für Löschung des angeregten Singulett- bzw. Triplettzustandes
K_{SV}	STERN-VOLMER-Löschkonstante
LF	Ligandenfeld
LMCT	Ligand-to-Metal-Charge-Transfer
LLCT	Ligand-to-Ligand-Charge-Transfer
MLCT	Metal-to-Ligand-Charge-Transfer
MSCT	Metal-to-Solvent-Charge-Transfer
$M_{G,A}$	Übergangsmoment für Übergang vom Grund- zum angeregten Zustand
n	Anzahl der Mole
N_A	AVOGADRO-Zahl
pK	negativer dekadischer Logarithmus von K
Q	Löscher
R	Gaskonstante (8,31441 JK^{-1} mol^{-1}), Dipolmomentoperator
S	Spin
S_0, S_1	Singulett-Grundzustand, erster angeregter Singulettzustand bzw. erster angeregter spinerlaubter Zustand
T_1, T_2	erster und zweiter angeregter Triplettzustand bzw. spinverbotener Zustand
t	Zeit
T	Temperatur
Z	Ladung
ε	molarer dekadischer Extinktionskoeffizient
η	Effizienz, Viskosität

λ	Reorganisationsenergie, Wellenlänge der Strahlung
ν	Frequenz der Strahlung
$\bar{\nu}$	Wellenzahl (cm^{-1})
$\Delta\bar{\nu}_{1/2}$	Halbwertsbreite der Absorptionsbande in cm^{-1}
τ_F, τ_P	Lebensdauer der Fluoreszenz bzw. der Phosphoreszenz
$\tau_F{}^0$, $\tau_P{}^0$	Lebensdauer der Fluoreszenz bzw. der Phosphoreszenz bei Abwesenheit eines Löschers
Φ	Quantenausbeute
$\Phi_f(S_1)$	Quantenausbeute der Fluoreszenz bei Anregung des ersten Singulettzustandes
$\Phi_p(S_1)$	Quantenausbeute der Phosphoreszenz bei Anregung des ersten Sigulettzustandes
$\Phi_p(T_1)$	Quantenausbeute der Phosphoreszenz bei Anregung des ersten Triplettzustandes
$\Phi_p(S_2)$	Quantenausbeute der Phosphoreszenz bei Anregung des zweiten Singulattzustandes
$\Phi_f(S_2)$	Quantenausbeute der Fluoreszenz bei Anregung des zweiten Singulettzustandes
Φ_{IC}	Quantenausbeute bzw. Effizienz des Internal-Conversion-Prozesses
Φ_{ISC}	Quantenausbeute bzw. Effizienz des Intersystem-Crossing-Prozesses
χ_L, χ_M	optische Elektronegativitäten des Liganden L bzw. des Zentralmetalls M
ψ_G, ψ_A	Wellenfunktionen für den Grund- bzw. angeregten Zustand
ψ_{el}	elektronischer Term der Wellenfunktion
ψ_{vib}	Schwingungsterm der Wellenfunktion
ψ_{sp}	Spinanteil der Wellenfunktion

Abkürzungen von chemischen Formeln

$acac^-$	Pentan-2,3-dionat (Acetylacetonat)
bipy	2,2′-Bipyridin
BPh_4^-	Tetraphenylboranat
5-Br-phen	5-Brom-1,10-phenanthrolin
5-Cl-phen	5-Chlor-1,10-phenanthrolin
dmch	3,3′-Dimethylen-4,4′-dimethyl-2,2′-bichinolin
en	1,2-Diaminoethan
enH^+	monoprotoniertes 1,2-Diaminoethan
htc^-	Hydroxymethyldithiocarbamat
H_2TPP	5,10,15,20-Tetraphenylporphyrin
TPP^{2-}	5,10,15,20-Tetraphenylporphyrinat
MV^{2+}	Methylviologendikation
ML_nX	Metallkomplex (allgemein)

NBD	Norbornadien
N-N	zweizähniger 1,2-Diiminligand
ox^{2-}	Oxalation
phen	1,10-Phenanthrolin
PPh_3	Triphenylphosphan
py	Pyridin
Ph_2I^+	Diphenyliodoniumkation
Q	Quadricyclan
ROH	Alkohol
R	Alkylrest
sep	Sepulchrat (s. Formel S. 88)
TfO^-	Trifluormethansulfonat ($CF_3SO_3^-$)
tmp	Tetramethylpyridin

1. Einleitung

Nach der ersten zusammenfassenden Darstellung der Photochemie von Koordinationsverbindungen durch BALZANI und CARASSITI im Jahre 1970 [1] hat sich eine stürmische Entwicklung vollzogen. Das Anliegen der vorliegenden Darstellung ist es, den Leser mit einigen Aspekten (aber auch mit der Vielzahl noch offener Probleme) dieser Entwicklung vertraut zu machen.

Dabei haben wir folgenden Kurs gewählt, um in gedrängter Form die Faszination photochemischer und -katalytischer Reaktionen von Koordinationsverbindungen zu verdeutlichen:
Anhand der Erläuterung wichtiger photophysikalischer und -chemischer Grundgesetze in ihrer speziellen Bedeutung für Koordinationsverbindungen wird die Wirkung von Licht als physikalisches Reagens zur Erzeugung von Reaktanden mit kurzer Lebensdauer verdeutlicht. Für eine vertiefende Beschäftigung mit photophysikalischen und -chemischen Gesetzmäßigkeiten kann auf die „*Einführung in die Photochemie*" [2] verwiesen werden.

Im Unterschied zu der üblichen Behandlung photochemischer Eigenschaften ausgewählter Elemente des Periodensystems werden Beispiele photochemischer Reaktionen in Abhängigkeit vom jeweiligen Anregungsmechanismus vorgestellt, um zu zeigen, daß elektronisch angeregte Zustände als kurzlebige Isomere der entsprechenden Koordinationsverbindung im Grundzustand aufzufassen sind.

Unter den photochemischen Reaktionen von Koordinationsverbindungen haben photokatalytische in den letzten 10 Jahren zunehmendes Interesse gefunden. Daher wird versucht, photokatalytische Reaktionen phänomenologisch einzugrenzen und das Reaktionsprinzip der Photokatalyse an ausgewählten Beispielen zu verdeutlichen.

Auf Grund der möglichen Anwendbarkeit photokatalytischer Reaktionen, z. B. für unkonventionelle Informationsaufzeichnung bzw. für die Wandlung und Speicherung der Sonnenenergie, ist die Ausdehnung der Lichtempfindlichkeit von Koordinationsverbindungen auf breite Spektralbereiche von speziellem Interesse. Diesem Ziel dient die spektrale Sensibilisierung, die in einem weiteren Kapitel vorgestellt wird.

Schließlich werden anhand von drei möglichen Anwendungsgebieten — der homogenen Photokomplexkatalyse, der Speicherung und Wandlung von Sonnenenergie sowie der silberfreien Informationsaufzeichnung — einige der heute erkennbaren Vor- und Nachteile einer industriellen Nutzung photokatalytischer Reaktionsprinzipien vorgestellt.

Unsere Exkursion in ein interessantes Gebiet der anorganischen Photochemie wird mit einer kurzen Betrachtung möglicher Entwicklungstrends abgeschlossen.

Dem Leser bleibt es überlassen zu entscheiden, ob photochemische und photokatalytische Reaktionen von Koordinationsverbindungen eine gesonderte Darstellung neben der organischen Photochemie [3—5] rechtfertigen.

2. Einige photochemische und -physikalische Grundgesetze und ihre spezielle Bedeutung für Koordinationsverbindungen

Gegenstand der Photochemie sind Reaktionen, die durch die Einwirkung von elektromagnetischer Strahlung auf stoffliche Materie, in unserem Fall Koordinationsverbindungen, hervorgerufen werden. Der Wellenlängenbereich der verwendeten Strahlung erstreckt sich dabei von etwa 10 bis 2000 nm. Die Wirkung von Strahlung mit kürzeren Wellenlängen (Röntgen- und γ-Strahlung) ist Gegenstand der sogenannten Strahlenchemie. Die überwiegende Mehrzahl der photochemischen Untersuchungen beschäftigt sich jedoch mit der Wirkung von Strahlung eines verhältnismäßig schmalen Wellenlängenbereiches von etwa 180 bis 1000 nm, d. h. mit Licht des sichtbaren und Teilen des ultravioletten und nahen infraroten Spektralbereiches, was gemäß (1) einer Energie von etwa 664 bis 120 kJ · mol^{-1} entspricht.

$$E = N_A \cdot h \cdot \nu = N_A \cdot h \cdot c/\lambda \qquad (1)$$

Das Studium photochemischer Reaktionen bei Verwendung kürzerwelliger Strahlung ist wegen der Absorption durch das Gefäßmaterial bzw. durch die Luft nur mit erheblichem Aufwand möglich. Andererseits führt die Absorption von Strahlung mit einer Wellenlänge größer als 1000 nm wegen der geringen Energie der Lichtquanten nur selten zu chemischen Veränderungen. Eine Ausnahme bilden hierbei Koordinationsverbindungen mit Mixed-Valence-Eigenschaften, wie z. B. I, bei denen die Einstrahlung in die oftmals weit in den infraroten Spektralbereich hineinreichenden Absorptionsbanden zum intramolekularen Elektronentransfer führen kann.

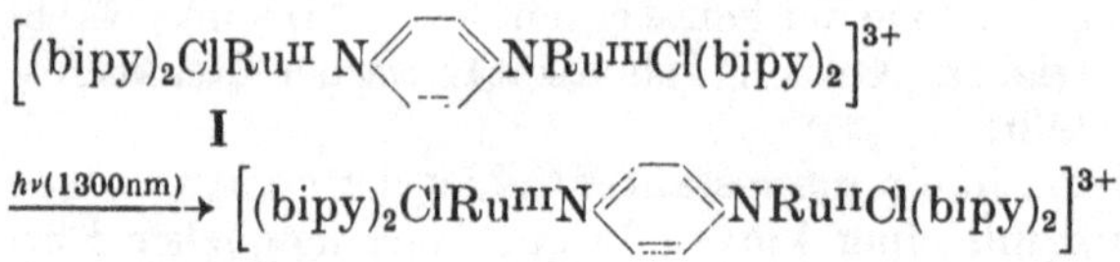

(bipy = 2,2′-Bipyridin)

Die lichtinduzierte chemische Reaktion ist nur einer von mehreren Prozessen, die bei der Wechselwirkung der Strahlung mit der jeweiligen Verbindung ausgelöst werden. Diese Prozesse, die im folgenden näher charakterisiert werden sollen, stehen teilweise in Konkurrenz zur interessierenden Photoreaktion. Bei genauer Kenntnis dieser Prozesse, insbesondere ihrer Kinetik, lassen sich Voraussagen über die Effizienz photochemischer Reaktionen ableiten. Allerdings wird gegenwärtig noch der umgekehrte Weg beschritten, d. h. anhand der beobachteten Photoreaktionen werden Aussagen über die einzelnen photophysikalischen Elementarprozesse gewonnen. Neueste Entwicklungen der Laser-Technik und die darauf basierenden Methoden der Kurzzeitspektroskopie [6] haben in den letzten Jahren jedoch zu erstaunlichen und vielversprechenden Fortschritten bei der Aufklärung photophysikalischer Prozesse geführt.

2.1. Physikalische Grundlagen der Lichtabsorption

Jeder photochemische Prozeß beginnt mit der Absorption von Lichtquanten. Wie bereits von GROTTHUS und DRAPER in der ersten Hälfte des vorigen Jahrhunderts als erstes photochemisches Grundgesetz formuliert wurde, führt nur das von dem betreffenden Reaktionssystem absorbierte Licht zur Photoreaktion. Die Umkehrung des Gesetzes, daß nämlich jedes absorbierte Licht zwangsläufig zu einer chemischen Reaktion führen muß, gilt offenbar nicht. Auch ist anzumerken, daß das Licht nicht unbedingt von der photoreaktiven Substanz selbst absorbiert werden muß, sondern daß, wie noch im Detail ausgeführt werden wird, auch die Lichtabsorption durch eine andere Substanz und anschließende Energieübertragung zu photochemischen Reaktionen führen kann.

Die Lichtabsorption läßt sich durch das LAMBERT-BEERsche Gesetz (3) beschreiben

$$E = \lg (I_0/I_t) = \varepsilon \cdot c \cdot d, \tag{3}$$

wobei E die Extinktion, I_0 und I_t die Intensität des einfallenden bzw. transmittierten Lichtes, ε den (substanzspezifischen) molaren dekadischen Extinktionskoeffizienten, c die Konzentration (in $\text{mol} \cdot \text{l}^{-1}$) und d die Schichtdicke (in cm) darstellen. Da ε von der Wellenlänge des absorbierten Lichtes abhängt, gilt das LAMBERT-BEERsche Gesetz im allgemeinen nicht, wenn das einfallende Licht polychromatisch ist. Außerdem gilt dieses Gesetz nicht, wenn infolge eines vorliegenden Gleichgewichtes die Konzentration der absorbierenden Spezies nicht proportional der stöchiometrischen Konzentration ist. Beispiele für derartige Gleichgewichte sind Komplexbildungsreaktionen und die Bildung von Ionenpaaren.

Liegen mehrere absorbierende Spezies im System vor, so läßt sich der Anteil f_A der Substanz A an der Lichtabsorption nach (4) berechnen.

$$f_A = \frac{\varepsilon_A c_A}{\varepsilon_A c_A + \varepsilon_B c_B + \cdots + \varepsilon_i c_i} \tag{4}$$

Hierbei erstreckt sich die Summe im Nenner über alle absorbierenden Spezies in der Lösung.

Die Intensitäten des absorbierten, einfallenden und transmittierten Lichtes sind näherungsweise durch den Zusammenhang (5) gegeben.

$$I_0 = I_t + I_a \tag{5}$$

Zusammen mit (3) ergibt sich daraus die Beziehung (6) für die Intensität des absorbierten Lichtes.

$$I_a = I_0(1 - 10^{-E}) \tag{6}$$

Dabei wird davon ausgegangen, daß der Anteil des reflektierten Lichtes vernachlässigbar klein ist, was jedoch ohne Zweifel nicht zutrifft. Man kann jedoch die experimentellen Bedingungen so wählen, daß der reflektierte Anteil des Lichtes von Experiment zu Experiment annähernd konstant ist.

Letzteres ist besonders für die Ermittlung der Quantenausbeute photochemischer Reaktionen von Bedeutung. Die Quantenausbeute[1]) Φ ist als Verhältnis von umgesetzten Molekülen zur Anzahl der absorbierten Lichtquanten (7) definiert, wobei sich letztere als Produkt aus der Intensität I_a der absorbierten Strahlung und der Bestrahlungszeit t ergibt.

$$\Phi = \frac{\text{Anzahl der umgesetzten Moleküle}}{\text{Anzahl der absorbierten Lichtquanten}} = \frac{n}{I_a t} \qquad (7)$$

Praktisch verfährt man dabei so, daß mit Hilfe einer Substanz bekannter Lichtempfindlichkeit (chemische Aktinometrie), mittels einer lumineszierenden Verbindung (Quantenzähler) oder unter Ausnutzung des photoelektrischen Effektes bzw. bolometrisch die Intensität I_0 des auf die Probe auftreffenden Lichtes bestimmt und daraus anhand von (6) die Intensität der von der Probe absorbierten Strahlung berechnet wird. Häufig wird dabei die Extinktion der Probe so groß gewählt ($E > 2$), daß praktisch sämtliches auf die Probe auftreffende Licht absorbiert wird. Experimentelle Einzelheiten der Bestimmung von Quantenausbeuten können Lehrbüchern [2, 3] entnommen werden.

Die Lichtabsorption ist das Ergebnis der Dipolwechselwirkung zwischen dem elektrischen Vektor des einfallenden Lichtes und der Elektronenhülle des Moleküls. Die Intensität der Lichtabsorption kann durch die Oszillatorstärke $f_{G,A}$, die ein Maß für die Wahrscheinlichkeit, mit der ein elektronischer Übergang zwischen dem

---

[1]) Neben der Quantenausbeute wird auch die Effizienz als Effektivitätsgröße verwendet. Während die Quantenausbeute den Wirkungsgrad der absorbierten Photonen in einem bestimmten Prozeß (z. B. Bildung von Produkten, Fluoreszenz, Phosphoreszenz) zum Ausdruck bringt, wird die Effizienz als Anteil eines bestimmten Teilschrittes am Gesamtvorgang definiert, wobei z. B. bei Reaktionen 1. Ordnung Geschwindigkeitskonstanten als Meßgrößen verwendet werden. So ergibt sich als Effizienz eines Schrittes i

$$\eta_i = k_i / \sum_j k_j .$$

Die Begriffe Effizienz und Quantenausbeute werden oft synonym verwendet, was jedoch nicht exakt ist. Im folgenden haben wir Effizienzen (wie auch Quantenausbeuten) mit dem Symbol Φ gekennzeichnet, wenn die Anzahl der absorbierten Photonen die Bezugsgröße darstellt. Das Symbol η wurde verwendet, wenn ein solcher Bezug nicht hergestellt werden kann.

Grund- und angeregten Zustand stattfindet, darstellt. Für die Oszillatorstärke und den molaren dekadischen Extinktionskoeffizienten bzw. die Halbwertsbreite der Absorptionsbande gilt näherungsweise (8).

$$f_{G,A} = 4{,}32 \cdot 10^{-9} \varepsilon \Delta \bar{\nu}_{1/2} \tag{8}$$

Andererseits läßt sich die Oszillatorstärke quantenmechanisch über das Übergangsmoment $M_{G,A}$ berechnen.

$$M_{G,A} = \int \psi_G \boldsymbol{R} \psi_A \, d\tau \tag{9}$$

$$f_{G,A} = 0{,}0875161 \cdot E_{G,A} \cdot M_{G,A}^2 \tag{10}$$

Hierbei sind ψ_G und ψ_A die Wellenfunktionen für den Grund- und den angeregten Zustand und $E_{G,A}$ die Energiedifferenz zwischen diesen Zuständen.

Die Wellenfunktionen lassen sich näherungsweise als Produkt aus einem elektronischen, einem vibronischen und einem Spinterm angeben.

$$\psi = \psi_{el} \cdot \psi_{vib} \cdot \psi_{sp} \tag{11}$$

Da der Dipolmomentoperator $\boldsymbol{R}$ nur auf den elektronischen Teil der Wellenfunktion wirkt, läßt sich (9) in folgender Weise umformen:

$$M_{G,A} = \left(\int \psi_{el}^G \boldsymbol{R} \psi_{el}^A \, d\tau\right) \left(\int \psi_{vib}^G \psi_{vib}^A \, d\tau\right) \left(\int \psi_{sp}^G \psi_{sp}^A \, d\tau\right) \tag{12}$$

Daraus folgt, daß Übergänge, die mit einer Änderung des Spins verbunden sind ($\psi_{sp}^G \neq \psi_{sp}^A$), verboten sind. Im Falle von Koordinationsverbindungen, vor allem der schwereren Elemente, führt jedoch die Kopplung des Elektronenspins mit dem Bahndrehimpuls zu einer Lockerung des Spinverbotes. Als Folge davon können beispielsweise Übergänge zwischen dem Singulett-Grundzustand und dem angeregten Triplettzustand von Iridium- und Osmiumkomplexen direkt im Spektrum beobachtet werden (innerer Schweratomeffekt).

In Molekülen mit einem Inversionszentrum, wozu viele Koordinationsverbindungen gehören, sind wegen der ungeraden Parität des Dipolmomentoperators $\boldsymbol{R}$ auch Elektronenübergänge zwischen Zuständen gleicher Parität, z. B. *d-d*-Übergänge, verboten (LAPORTE-Verbot). Die Kopplung mit geeigneten Zuständen höherer Energie bzw. mit Schwingungen geeigneter Rasse führt jedoch auch hier zur teilweisen Aufhebung des Übergangsverbotes.

Durch die Wechselwirkung des elektrischen Vektors des Lichtes mit der Elektronenhülle des Moleküls kommt es zu einer Veränderung der Elektronenstruktur. Diese Veränderung vollzieht sich im Verlaufe einer Schwingungsperiode des Lichtes (ca. 10^{-15} s). Die veränderte Elektronenstruktur entspricht einem anderen Energieinhalt des Moleküls. Man spricht in diesem Fall von einem elektronisch angeregten Zustand. Dabei können durch Lichtabsorption sowohl der nächsthöhere elektronische Anregungszustand (1. angeregter Zustand) als auch energiereichere (höhere angeregte Zustände) erreicht werden. In allen Fällen gilt für die Lichtabsorption das Franck-Condon-Prinzip, welches die Gültigkeit der Born-Oppenheimer-Näherung zur Voraussetzung hat. Letztere besagt, daß die Elektronenbewegung im Molekül näherungsweise als unabhängig von der Kernbewegung angenommen werden kann. Für die Lichtabsorption bedeutet das, daß sich während des Elektronenübergangs die relative Lage der Kerne zueinander nicht ändert. Diese Annahme erscheint plausibel, wenn man berücksichtigt, daß die Bewegung der Kerne wegen der größeren Masse wesentlich langsamer als die der Elektronen erfolgt. So beträgt die Zeit für eine Kernschwingung etwa 10^{-13} bis 10^{-11} s, während die Schwingungsdauer für die Elektronen

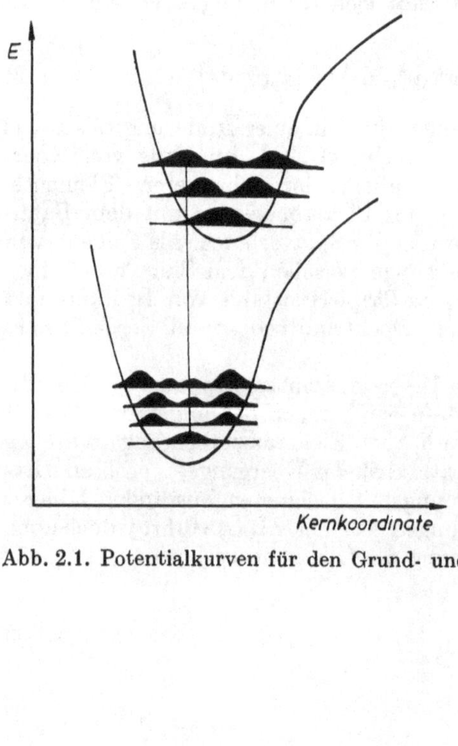

Abb. 2.1. Potentialkurven für den Grund- und einen angeregten Zustand

nur etwa 10^{-15} s beträgt. Das bedeutet, daß die Lichtabsorption zu Spezies führt, die zwar eine andere Elektronenkonfiguration, nicht dagegen eine andere Kernkonfiguration (Molekülstruktur) als das Molekül im Grundzustand besitzt.

Diese Situation läßt sich anhand des in Abb. 2.1 dargestellten Potentialenergiediagrammes illustrieren. In diesem Diagramm ist die potentielle Energie *E* des Moleküls als Funktion der Kernkonfiguration angegeben. Im Unterschied zu den klassischen Vorstellungen, bei denen man das Modell des anharmonischen Oszillators zur Beschreibung der Wechselwirkung zwischen den Atomen verwendet, liefert die quantenmechanische Behandlung dieses Problems diskrete Energieniveaus für die einzelnen Schwingungszustände (horizontale Linien im Potentialenergiediagramm). Die wahrscheinlichsten Kernkonfigurationen der einzelnen Schwingungsniveaus werden im quantenmechanischen Modell durch die in Abb. 2.1 skizzierten Maxima der Quadrate der Schwingungswellenfunktionen bestimmt.

Die Intensität des Elektronenübergangs wird gemäß (12) von der Größe des Überlappungsintegrals der Schwingungswellenfunktionen mit beeinflußt. Im Unterschied zu den meisten organischen Verbindungen sind die Energiedifferenzen zwischen den einzelnen Schwingungsniveaus von Koordinationsverbindungen jedoch häufig so klein, daß die Schwingungsfeinstruktur im Absorptionsspektrum nicht mehr aufgelöst werden kann. Durch Temperaturerniedrigung kann jedoch die Halbwertsbreite der einzelnen Schwingungsbanden verringert werden, so daß auch für Koordinationsverbindungen die Schwingungsfeinstruktur erkennbar wird.

2.2. *Der thermisch-äquilibrierte elektronisch angeregte Zustand (Thexi-State)*

Das bei der Lichtanregung zunächst erreichte Schwingungsniveau eines elektronisch angeregten Zustandes wird als Franck-Condon-Zustand bezeichnet. Durch Schwingungen und Abgabe der überschüssigen Energie an das umgebende Medium (Lösungsmittel) erreicht das elektronisch angeregte Molekül schließlich seine Gleichgewichtsgeometrie. In Lösung erfolgt dabei gleichzeitig eine Reorganisation der Solvathülle. Der gesamte, als Schwingungsrelaxation bezeichnete Prozeß dauert etwa 10^{-11} s, wobei letztendlich ein elektronisch angeregtes Molekül mit einer der jeweiligen Temperatur entsprechenden Boltzmann-Verteilung auf die einzelnen Schwingungsniveaus resultiert. Wenn künftig vom elektronisch angeregten Zustand die Rede ist, ist dieser thermisch-äquilibrierte elektronisch angeregte Zustand gemeint, der einem Pionier der modernen Photochemie von Koordinationsverbindungen A. W. ADAMSON folgend als Thexi-State (von "thermally equilibrated excited state" abgeleitet) bezeichnet wird.

Moleküle im Thexi-State können als Isomere der jeweiligen Grundzustandsmoleküle angesehen werden, die sich von letzteren in nahezu allen physikalischen und chemischen Eigenschaften unterscheiden [7]. So besitzen Moleküle im Thexi-State neben einer sich von der des Grundzustandsmoleküls unterscheidenden Geometrie, ein anderes Absorptionsspektrum, eine andere Energie, ein anderes Redoxpotential, eine andere Basizität und demzufolge eine andere chemische Reaktivität. Diese im Vergleich zu den Molekülen im Grundzustand veränderte Reaktivität macht das Wesen der Photochemie aus. Nicht selten führen Reaktionen von Thexi-State-Molekülen zu vollkommen anderen Produkten als die entsprechenden thermischen Reaktionen im elektronischen Grundzustand. Man spricht in diesem Fall von einem antithermischen Verhalten photoangeregter Spezies. Es ist aber auch der Fall möglich, daß Moleküle im Thexi-State qualitativ in der gleichen Weise wie die entsprechenden Grundzustandsmoleküle, aber mit veränderter Geschwindigkeit reagieren. Schließlich ist auch denkbar, daß Moleküle im Thexi-State unter Energieabgabe in den schwingungsangeregten elektronischen Grundzustand relaxieren, und von dort aus eine chemische Reaktion erfolgt. In diesem Fall spricht man von Reaktionen aus dem sogenannten „heißen" Grundzustand. Eine Unterscheidung zwischen den einzelnen Prozessen ist experimentell nicht immer einfach.

Wenn man auch Moleküle im Thexi-State mit vollem Recht als Isomere der entsprechenden Grundzustandsverbindungen bezeichnet, so erfordert die Aufklärung ihrer Struktur jedoch qualitativ neuartige Methoden. Dies ergibt sich daraus, daß Thexi-State-Moleküle ausnahmslos extrem kurzlebig sind, und ihre Lebensdauer nicht selten nur wenige Nanosekunden beträgt. Methoden, die zu ihrer Charakterisierung herangezogen werden, müssen diesem Umstand Rechnung tragen. Eine umfassende Untersuchung der Molekül- und Elektronenstruktur derart kurzlebiger Spezies hat gerade erst begonnen. Erste Ergebnisse bei der Aufnahme von Thexi-State-Absorptionsspektren im UV/Vis- und infraroten Spektralbereich sind erfolgversprechend [7]. Darüber hinaus wurde begonnen, das photochemische Verhalten von Thexi-State-Molekülen, d. h. die durch Zweiphotonenanregung induzierten Reaktionen zu erforschen. Aber auch klassische photochemische Untersuchungsmethoden, wie Fluoreszenzmessungen, Sensibilisierungsexperimente und die Aktinometrie, sind, wie noch zu zeigen ist, durchaus geeignet, um Aussagen über die Eigenschaften von Thexi-States zu erhalten.

2.3. *Desaktivierung elektronisch angeregter Koordinationsverbindungen*

Die kurze Lebensdauer von Molekülen im Thexi-State im Vergleich zu solchen im elektronischen Grundzustand ist auf durch die hohe Exzeßenergie bedingte thermodynamische Instabilität,

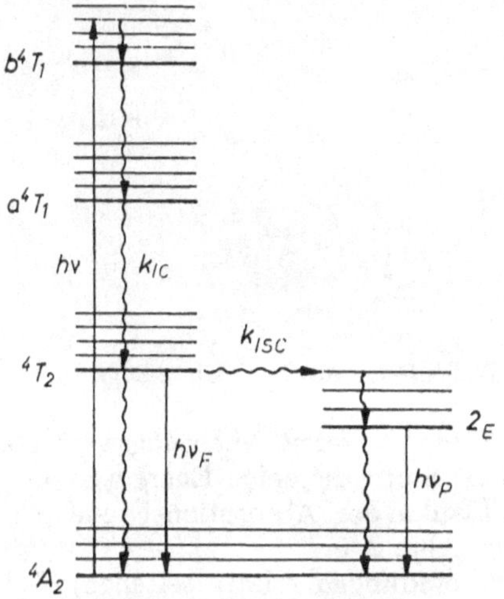

Abb. 2.2. JABLONSKI-Diagramm für oktaedrische Chromium(III)-Komplexe

die eine Reihe von Desaktivierungsprozesse verursacht, zurückzuführen. Ein geeignetes Mittel zur Veranschaulichung der einzelnen dabei ablaufenden Elementarschritte ist das in Abb. 2.2 am Beispiel eines oktaedrisch koordiniertem Chromium(III)-Komplexes dargestellte JABLONSKI-Diagramm.

Der ^4F-Term des freien Cr(III)-Ions spaltet im oktaedrischen Ligandenfeld in einen $^4A_2$-, einen $^4T_2$- sowie einen $^4T_1$-

Term auf [8]. Außerdem resultiert aus einem höher gelegenen ^4P-Term ein weiterer $^4T_1$-Zustand, so daß insgesamt drei spinerlaubte (aber LAPORTE-verbotene) Ligandenfeldübergänge beobachtet werden können. Die Energie der verschiedenen Zustände hängt von der Ligandenfeldstärke ab, wobei jedoch an dieser Stelle hervorgehoben werden sollte, daß die auf der Grundlage der Ligandenfeldtheorie [8] berechneten Termenergien mit den Energien der jeweiligen Thexi-States nicht unbedingt übereinstimmen müssen. Letztendlich ist dies eine Folge des FRANCK-CONDON-Prinzips. Als erste grobe Näherung liefern jedoch die den Absorptionsmaxima entsprechenden Termenergien einen Wert

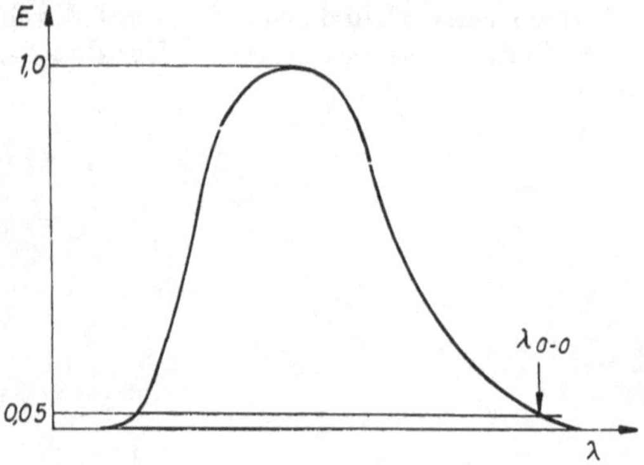

Abb. 2.3. Absorptionsbande und Wellenlänge des 0—0-Übergangs (λ_{0-0})

für die Thexi-State-Energie. Einen besseren Näherungswert erhält man, wenn man dem Thexi-State diejenige Energie zuordnet, bei der die langwellige Flanke der Absorptionsbande 5% des Maximalwertes erreicht (vgl. Abb. 2.3).

In dem (für Koordinationsverbindungen relativ seltenen) Fall einer aufgelösten Schwingungsfeinstruktur liefert die Lage der längstwelligen Schwingungsbande einen guten Näherungswert für die Thexi-State-Energie. Der dieser Bande entsprechende Übergang wird als 0—0-Übergang bezeichnet. Da bei Raumtemperatur nur verhältnismäßig wenige Moleküle in einem höheren Schwingungszustand vorliegen, ist die Energie des 0—0-Übergangs nahezu identisch mit der Energie des Thexi-States.

Wie bereits in Abb. 2.1 illustriert wurde, führt die Absorption von Photonen in der Regel zu schwingungsangeregten Elektronenzuständen. Je nach der Energie der Photonen werden höhere elektronische Anregungszustände (z. B. ${}^4T_1$ im Falle oktaedrisch koordinierter Cr(III)-Komplexe) oder der energieärmste elektronisch angeregte Zustand besetzt. Nachdem durch Schwingungsrelaxation der jeweils energieärmste Schwingungszustand erreicht ist, erfolgt durch Internal Conversion (*IC*) die Besetzung tieferliegender Elektronenzustände, wobei auch hier die Überschußenergie über Schwingungen an das umgebende Medium abgegeben wird.

Schwingungsrelaxation und Internal Conversion verlaufen außerordentlich schnell. In der Regel sind diese Prozesse schneller als alle anderen Vorgänge. Diese Tatsache findet ihre Widerspiegelung in der KASHA-Regel [9], wonach die Lumineszenz immer vom niedrigsten Schwingungszustand des energieärmsten elektronisch angeregten Zustandes der jeweiligen Spinmultiplizität ausgeht. Diese Regel wurde ursprünglich für organische Verbindungen aufgestellt. Zu den wenigen Ausnahmen, die nicht der KASHA-Regel gehorchen, gehört das Azulen, das sowohl aus einem höher angeregten als auch aus dem energieärmsten angeregten Singulettzustand durch Fluoreszenz desaktiviert. Es deutet vieles darauf hin, daß im Falle von Koordinationsverbindungen die Ausnahmen von der KASHA-Regel häufiger sind [10]. Dies ist von erheblicher Bedeutung für die Photochemie von Koordinationsverbindungen, da dies die Beeinflussung des photochemischen Verhaltens durch die Variation des Anregungslichtes erlaubt. Wäre dies nicht der Fall, so sollte unabhängig von der Anregungsenergie stets die Relaxation in den energieärmsten elektronisch angeregten Zustand erfolgen und dadurch nur eine Photoreaktion möglich sein.

Der durch Schwingungsrelaxation und Internal Conversion gebildete elektronische Anregungszustand niedrigster Energie kann durch weitere strahlungslose Energieabgabe schließlich in den elektronischen Grundzustand übergehen. Obwohl sich dieser Vorgang qualitativ nicht von der Internal Conversion höherer in niedrigere angeregte Zustände unterscheidet, nimmt die Desaktivierung in den Grundzustand eine Sonderstellung ein, da der niedrigste elektronisch angeregte Zustand im allgemeinen eine um mehrere Größenordnungen längere Lebensdauer als höhere Zustände besitzt. Dies steht in Übereinstimmung mit der sogenannten „Gap"-Regel, wonach die strahlungslose Desaktivierung eines höherliegenden Zustandes in einen tieferen um so schneller verläuft, je kleiner die Energiedifferenz zwischen diesen Zuständen ist.

Neben der strahlungslosen Desaktivierung besteht auch die Möglichkeit, die Anregungsenergie in Form von elektromagnetischer Strahlung (Lumineszenz) abzugeben. Handelt es sich dabei um Übergänge zwischen Zuständen gleicher Spinmultiplizität, so wird dieser Prozeß als Fluoreszenz, im Falle eines Übergangs zwischen Zuständen unterschiedlicher Multiplizität dagegen als Phosphoreszenz bezeichnet.

Die Phosphoreszenz hat die vorherige Bildung eines elektronisch angeregten Zustandes mit einer vom Grundzustand abweichenden Spinmultiplizität zur Voraussetzung. Die Bildung eines derartigen Zustandes aus dem energieärmsten elektronisch angeregten Zustand der Spinmultiplizität des Grundzustandes wird als Intersystem Crossing (*ISC*) bezeichnet.

Während die Geschwindigkeitskonstante k_{ISC} für den ISC-Prozeß organischer Moleküle etwa 10^6 bis $10^9\ \mathrm{s}^{-1}$ beträgt, ist sie für Koordinationsverbindungen, insbesondere der Übergangselemente der 5. und 6. Periode, auf Grund der höheren Spin-Bahn-Kopplung etwa um den Faktor 100 größer. Intersystem-Crossing-Prozesse sind bei Koordinationsverbindungen mitunter so schnell, daß sie nicht mehr von der Internal Conversion, d. h. Übergängen zwischen Zuständen gleicher Spinmultiplizität, unterschieden werden können. Dies kann als experimenteller Hinweis dafür angesehen werden, daß im Falle größerer Spin-Bahn-Kopplungskonstanten die Unterscheidung der einzelnen Zustände nach den Spinmultiplizitäten ihren Sinn verliert. Wenn dennoch für Komplexverbindungen der schwereren Metalle, wie z. B. des Rutheniums, Begriffe wie Triplett- und Singulettzustand verwendet werden, so erfolgt dies hauptsächlich aus rein formalen Gründen.

Auch für den durch ISC gebildeten Zustand niedrigster Energie kann die Desaktivierung strahlungslos als auch unter Emission von Lichtquanten (Phosphoreszenz) erfolgen, wobei in beiden Fällen eine Änderung des Elektronenspins auftritt. Die Lebensdauer der Phosphoreszenz ist aus diesem Grund bedeutend größer als die der Fluoreszenz. So beträgt die Geschwindigkeitskonstante k_{f} der Fluoreszenz etwa $10^8\ \mathrm{s}^{-1}$, während die Geschwindigkeitskonstante k_{p} der Phosphoreszenz Werte zwischen 10^2 und $10^5\ \mathrm{s}^{-1}$ annimmt. Aus Gründen, die wiederum auf die größere Spin-Bahn-Kopplung zurückzuführen sind, sind diese im Falle von Koordinationsverbindungen jedoch wesentlich größer als bei organischen Verbindungen, wo Werte für k_{p} von etwa 10^{-2} bis maximal $10^2\ \mathrm{s}^{-1}$ gemessen wurden. Andererseits unterscheiden sich die Geschwindigkeitskonstanten der Fluoreszenz organischer Verbindungen kaum von denen der Koordinationsverbindungen.

Außer durch die Lebensdauer unterscheiden sich Fluoreszenz und Phosphoreszenz auch durch die Energie der emittierten Strahlung, wobei in der Regel die Phosphoreszenzstrahlung energieärmer als die entsprechende Fluoreszenz ist und daher bei größeren Wellenlängen erscheint. Diese Regel gilt fast ohne Ausnahmen für organische Verbindungen. Im Falle von Koordinationsverbindungen kann jedoch infolge starker Geometrieänderungen im entsprechenden angeregten Zustand die Fluoreszenzstrahlung energieärmer als die Phosphoreszenz sein, obwohl die Absorptionsbande des spinerlaubten Übergangs gegenüber der Bande des spinverbotenen Übergangs (sogenannte Interkombinationsbande) kürzerwellig liegt, wie das z. B. bei oktaedrischen Chromium(III)-Komplexen der Fall ist (vgl. das Absorptions- und Emissionsspektrum des Komplexes $[Cr(Harnstoff)_6]^{3+}$ in Abb. 2.4).

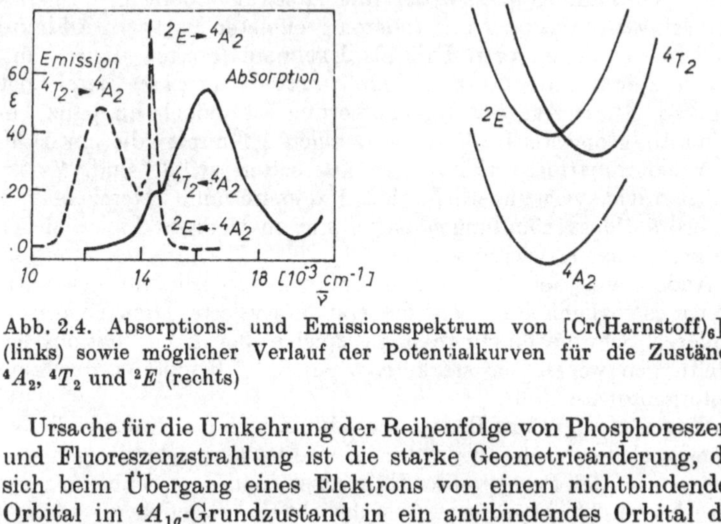

Abb. 2.4. Absorptions- und Emissionsspektrum von $[Cr(Harnstoff)_6]^{3+}$ (links) sowie möglicher Verlauf der Potentialkurven für die Zustände $^4A_2$, $^4T_2$ und ^2E (rechts)

Ursache für die Umkehrung der Reihenfolge von Phosphoreszenz und Fluoreszenzstrahlung ist die starke Geometrieänderung, die sich beim Übergang eines Elektrons von einem nichtbindenden Orbital im $^4A_{1g}$-Grundzustand in ein antibindendes Orbital des angeregten $^4T_{2g}$-Zustandes vollzieht. Der Übergang in den ^2E_g-Zustand ist mit einer Spinänderung, nicht dagegen mit einem Übergang von Elektronen aus nichtbindenden in antibindende Orbitale verbunden, weshalb hier keine Geometrieänderung auftritt. Die $^2E_g \leftarrow {}^4A_{1g}$ Absorptionsbande und die Phosphoreszenzbande weisen daher keine STOKESsche Verschiebung auf (vgl. Abb. 2.4).

Außer den genannten Desaktivierungsmöglichkeiten, bei denen angeregte Moleküle die Anregungsenergie in einem mehr oder weniger zeitlich verzögerten monomolekularen Prozeß in Form von Wärmeenergie oder Strahlung an die Umgebung abgeben, ist auch die bimolekulare Desaktivierung durch Reaktion mit einem geeigneten Partner möglich.

Inwieweit die Desaktivierung bimolekular verlaufen kann, hängt sowohl von der Lebensdauer des betreffenden angeregten Zustandes als auch von der Konzentration der miteinander reagierenden Partner ab und ist nicht zuletzt eine Frage der molekularen Beweglichkeit (Diffusion).

Die für angeregte Koordinationsverbindungen wichtigsten bimolekularen Desaktivierungsmöglichkeiten sind die Elektronen- und die Energieübertragung. Darüber hinaus besteht die Möglichkeit der Desaktivierung durch Excimer- bzw. Exciplexbildung. Man versteht darunter die Erscheinung, daß elektronisch angeregte Verbindungen entweder mit Molekülen derselben Spezies im Grundzustand oder mit anderen geeigneten Partnern Addukte bilden, die im ersteren Fall als Excimere (*exci*ted di*mer*) und im letzteren Fall als Exciplexe (*exci*ted com*plex*) bezeichnet werden. Diese Art der Desaktivierung ist jedoch an ganz bestimmte geometrische Voraussetzungen geknüpft, die im Falle von Koordinationsverbindungen nur selten erfüllt sind. Es ist daher nicht verwunderlich, daß Excimere und Exciplexe von Koordinationsverbindungen bisher nur in wenigen Fällen sicher als solche nachgewiesen wurden [11].

Andere aus der organischen Photochemie bekannte Desaktivierungsmöglichkeiten, wie die spinkatalysierte Desaktivierung, äußerer Schweratomeffekt u. a., spielen bei Koordinationsverbindungen wegen der stärkeren Spin-Bahn-Kopplung nur eine untergeordnete Rolle.

Wegen der großen Bedeutung, die den bimolekularen Reaktionen elektronisch angeregter Koordinationsverbindungen zukommt, werden Probleme der Elektronen- und Energieübertragung im Abschn. 2.6. in größerer Ausführlichkeit behandelt.

2.4. Elektronenübergänge in Metallkomplexen und ihre Bedeutung für die Photochemie

Die Natur des durch die Lichtabsorption erzeugten angeregten Zustandes bestimmt häufig den Ablauf der Photoreaktion von Koordinationsverbindungen. Darin unterscheiden sich viele Koordinationsverbindungen von organischen Molekülen, bei denen zumeist die KASHA-Regel gilt, derzufolge unabhängig von der Natur des primär angeregten Zustandes stets die Desaktivierung in einen ganz bestimmten elektronisch angeregten Zustand, nämlich den der niedrigsten Energie, erfolgt. Die eigentlich interessanten Prozesse spielen sich bei organischen Verbindungen im wesentlichen zwischen den drei Zuständen — Singulett-Grundzustand, dem ersten angeregten Singulett- sowie dem dazugehörigen Triplettzustand — ab.

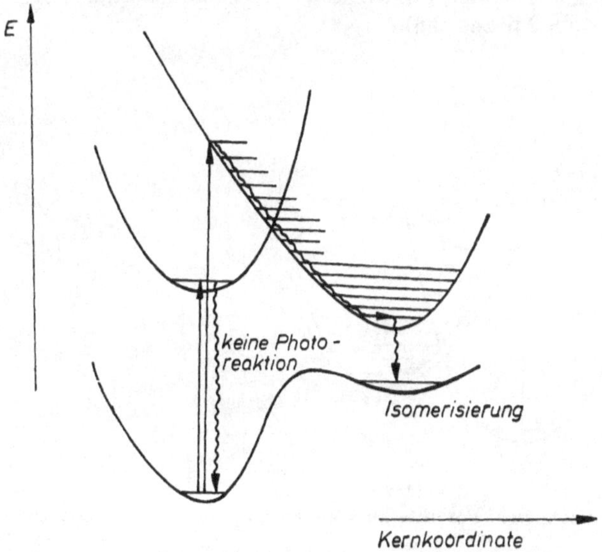

Abb. 2.5. Mögliche Lage der Potentialkurven für Reaktionen aus dem „heißen" Grundzustand

Anders verhält es sich dagegen mit Koordinationsverbindungen. Im Unterschied zu organischen Verbindungen, bei denen, abgesehen von den wenigen stabilen Radikalen sowie Bi- und Triradikalen, der Grundzustand stets ein Singulettzustand ist, sind bei Koordinationsverbindungen mit teilweise aufgefüllten *d*- und *f*-Niveaus Spinmultiplizitäten zwischen 1 und 8 möglich, so daß sich schon allein daraus eine größere Vielfalt von Anregungs- und Desaktivierungsmöglichkeiten ergibt. Die Energieunterschiede zwischen den verschiedenen Spinzuständen sind mitunter so klein, daß bereits durch Änderung der Temperatur in einem verhältnismäßig schmalen Bereich ein Wechsel des Grundzustandes möglich ist. Zum anderen sind die koordinativen Bindungen zwischen dem Zentralmetall und den Liganden im allgemeinen wesentlich schwächer als die kovalenten Bindungen typischer organischer Verbindungen. Die mit der Lichtabsorption verursachten Veränderungen in der Elektronenstruktur haben daher häufig erhebliche Geometrieänderungen zur Folge. Diese können unter Umständen dazu führen, daß die Energien der betreffenden angeregten Zustände in die Nähe des Grundzustandes rücken bzw. die Potentialkurve des angeregten Zustandes die des Grundzustandes sogar kreuzt (vgl. Abb. 2.5 und 2.6).

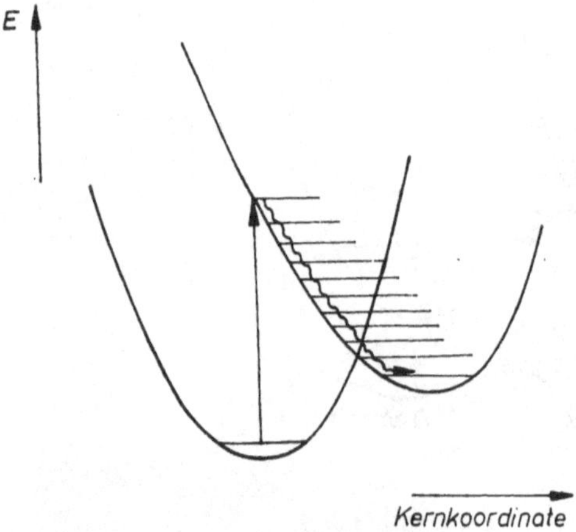

Abb. 2.6. Kreuzen der Potentialkurven von Grund- und angeregtem Zustand

Auf Grund der geringen Energieunterschiede der verschiedenen angeregten Zustände sowie der Unterschiede der damit verbundenen geometrischen Verzerrungen kommt es bei Koordinationsverbindungen vermutlich häufiger zum Kreuzen von Potentialkurven und damit zu einer von der Anregungsenergie abhängigen Besetzung unterschiedlicher Thexi-States als bei organischen Verbindungen [12]. Allerdings fehlen bislang häufig noch eindeutige experimentelle Fakten, die Aufschluß über die Vielfalt der Wechselbeziehungen zwischen den verschiedenen Anregungszuständen von Koordinationsverbindungen liefern könnten. Auch die quantitative Beschreibung von Potentialhyperflächen mittels quantenmechanischer Rechnungen stößt gegenwärtig noch auf erhebliche Schwierigkeiten, so daß noch vorwiegend qualitative Modelle zur Beschreibung des Verhaltens elektronisch angeregter Koordinationsverbindungen herangezogen werden.

Der erste Schritt bei der Aufklärung der der Lichtabsorption nachfolgenden physikalischen Prozesse besteht in der Identifizierung des jeweiligen Anregungszustandes.

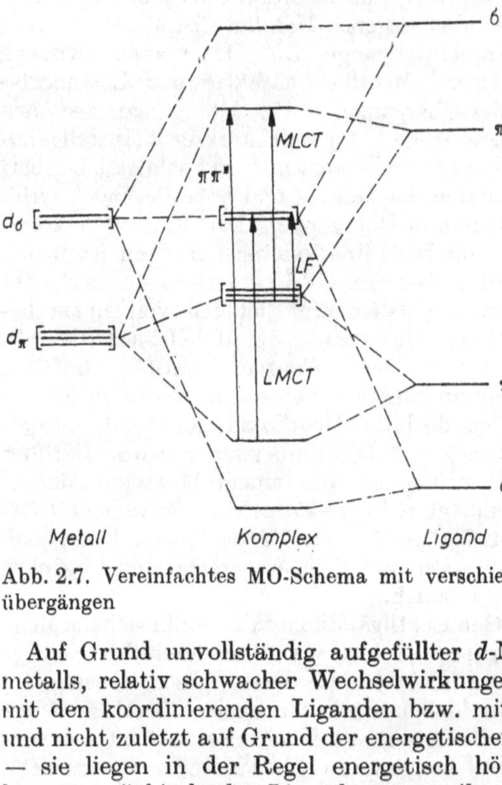

Abb. 2.7. Vereinfachtes MO-Schema mit verschiedenen Elektronenübergängen

Auf Grund unvollständig aufgefüllter d-Niveaus des Zentralmetalls, relativ schwacher Wechselwirkungen des Zentralmetalls mit den koordinierenden Liganden bzw. mit dem Lösungsmittel und nicht zuletzt auf Grund der energetischen Lage der d-Niveaus — sie liegen in der Regel energetisch höher als die höchsten besetzten Orbitale der Liganden — ergibt sich eine große Vielfalt von Elektronenübergängen, so daß sich die Absorptionsbanden von Koordinationsverbindungen vom nahen infraroten Spektralbereich ($\lambda < 2000$ nm) bis in das Vakuum-UV ($\lambda < 180$ nm) erstrecken können.

Es ist in der Koordinationschemie üblich, die Elektronenübergänge durch die Art der Orbitale zu charakterisieren, zwischen denen der Übergang stattfindet. Trotz aller Mängel, die diese Einelektronennäherung besitzt, hat sie den Vorteil der größeren Anschaulichkeit. Ein solches Einelektronen-MO-Diagramm ist in Abb. 2.7 dargestellt. Da die Wechselwirkung zwischen den *d*-Orbitalen und den σ- und π- bzw. σ^*- und π^*-Orbitalen relativ schwach ist, können die resultierenden Molekülorbitale näherungsweise als Metall- bzw. Ligandorbitale angesehen werden. Als mögliche Elektronenübergänge resultieren hierbei solche zwischen Orbitalen, die überwiegend Metall-*d*-Charakter besitzen (*d*—*d*- oder *L*iganden*f*eldübergänge, *LF*), Übergänge zwischen Orbitalen mit überwiegend Metall-*d*-Charakter und Ligandorbitalen (*C*harge-*T*ransfer-Übergänge, *CT*), Übergänge zwischen Orbitalen mit überwiegend Ligandcharakter (Intraligand-Übergänge, z. B. $\pi\pi^*$- oder $\sigma\sigma^*$-Übergänge) und schließlich Übergänge zwischen *d*-Orbitalen des Metalls und höherliegenden Orbitalen des Metalls (Rydberg-Übergänge). Der Einfluß letzterer auf die Photochemie von Koordinationsverbindungen ist bisher kaum untersucht worden. Bei den CT-Übergängen unterscheidet man zwischen solchen, bei denen ein Elektron von einem besetzten Ligandorbital in ein leeres Metall-*d*-Orbital (Metallreduktionsbande, *L*igand-to-*M*etal *C*harge *T*ransfer, *LMCT*), und solchen, bei denen ein Elektron von einem besetzten Metallorbital in ein leeres Ligandorbital (Metalloxidationsbande, *M*etal-to-*L*igand *C*harge *T*ransfer, *MLCT*) übertragen wird. Darüber hinaus sind auch der Übergang von einem besetzten Metallorbital zum Lösungsmittel (*C*harge-*T*ransfer-*to*-*S*olvent, *CTTS*, oder *M*etal-to-*S*olvent *C*harge *T*ransfer, *MSCT*) und Übergänge zwischen einem Komplexion und dem entsprechenden Gegenion (*I*onenpaar-CT, *IPCT*) möglich.

Für Mehrkern- und Gemischtligandkomplexe ergibt sich die Möglichkeit weiterer Übergänge, die sich vor allem durch ihre niedrigenergetische Lage auszeichnen, und deren Absorptionsbanden teilweise bis weit in den nahen infraroten Spektralbereich hineinreichen. Es sind dies Übergänge zwischen zwei *d*-Orbitalen verschiedener Metalle bzw. Übergänge zwischen Metallen unterschiedlicher Oxidationsstufe (*I*ntervalence Charge *T*ransfer, *IT*) [13] sowie Übergänge von einem besetzten Orbital des einen Liganden zu einem leeren Orbital eines anderen Liganden (*I*nterligand *T*ransmetallic *C*harge *T*ransfer, *ITCT*, bzw. *L*igand-to-*L*igand *C*harge *T*ransfer, *LLCT*) [14] möglich. Zu den wohl bekanntesten Beispielen für Verbindungen mit IT-Banden gehört das als Berliner Blau bekannte Eisen(III)hexacyanoferrat(II). Langwellige LLCT-Banden können insbesondere dann beobachtet werden, wenn im Komplex gleichzeitig Liganden mit guten Donoreigenschaften (energetisch hochliegende besetzte Orbitale) und guten Akzeptoreigenschaften (energetisch tiefliegende unbesetzte Orbitale) vorhanden sind, wie das beispielsweise beim Maleonitrildithiolato(diacetyldianil)nickel(II)-Komplex **II** der Fall ist.

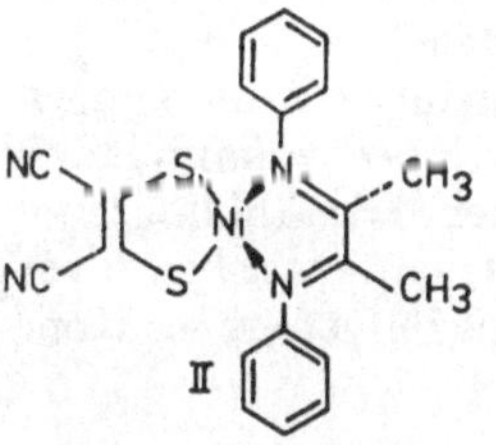

II

Die relative energetische Lage der einzelnen Molekülorbitale (Abb. 2.7) und damit der einzelnen angeregten Zustände kann durch die Wahl der Liganden in empfindlicher Weise beeinflußt werden. Dabei ist auch zwischen der relativen energetischen Lage der spinerlaubten und spinverbotenen Übergänge zu unterscheiden. So ist beispielsweise wegen der geringen räumlichen Trennung der Elektronen in angeregten Ligandenfeldzuständen die Energiedifferenz zwischen den verschiedenen Spinzuständen einer Orbitalkonfiguration wesentlich größer als bei Charge-Transfer-Zuständen. Die relative energetische Reihenfolge der einzelnen Zustände ist deshalb nicht zuletzt eine Frage der Spinmultiplizität.

Einige Eigenschaften der verschiedenen angeregten Zustände von Koordinationsverbindungen sind in Tab. 1 zusammengestellt. Daraus ist zu entnehmen, daß man in den meisten Fällen nicht allein anhand spektroskopischer Daten auf die Natur des jeweiligen angeregten Zustandes schließen kann. In der Regel liefert erst die systematische Variation der Liganden, des Zentralmetalls bzw. des Lösungsmittels die für die Identifizierung angeregter Zustände erforderlichen Informationen.

Wichtige Hinweise auf die Natur des niedrigsten angeregten Zustandes können aus den Emissionsspektren entnommen werden, wenngleich vermerkt werden muß, daß die übergroße Mehrzahl der photochemisch interessanten Koordinationsverbindungen nicht lumineszierte. Zu den lumineszierenden Komplexen gehören vor allem d^6-Komplexe mit starken Liganden. Für diese wurden Regeln abgeleitet, die Aufschlüsse über die Natur des niedrigsten angeregten Zustandes liefern [15].

So ist die Emission aus dem LF-Zustand breit und strukturlos. Sie wird selten in flüssiger Lösung beobachtet und ist bei tieferen Temperaturen in der Regel nicht von der Matrix abhängig. Die Abklingzeiten der Emission betragen bei 77 K etwa 10 bis 500 µs. Die Quantenausbeute der Lumineszenz ist im allgemeinen sehr niedrig, kann jedoch durch Deuterierung der Liganden oder des Lösungsmittels erhöht werden.

Die Emission aus MLCT-angeregten Zuständen ist zumeist sehr intensiv und stark strukturiert. Die Lumineszenz kann häufig schon bei Raumtemperatur beobachtet werden. Die Abklingzeiten betragen bei 77 K etwa 1···10 µs, wobei die Quantenausbeute verhältnismäßig hoch ist (ca. 0,1). Im Falle unsymmetrischer Kom-

Tabelle 1

Elektronenübergänge in Koordinationsverbindungen

Art des Übergangs	Energie (10^3 cm^{-1})	molarer Extinktionskoeffizient ($lmol^{-1}$ cm^{-1})	Lebensdauer (s)	Bemerkung
dd spinerlaubt spinverboten	7···30	10···10^3 10^{-3}···1	$< 10^{-8}$ 10^{-5}···10^{-2}	in der Regel strukturlose Banden
MLCT	10···50	10^3···10^5	$< 10^{-7}$	mitunter Banden mit Schwingungsstruktur
LMCT	10···50	10^3···10^5	$\ll 10^{-7}$	
IT	2···30	10^2···10^4	10^{-9}···10^{-7}	breite Bande, vom Lösungsmittel abhängig
IPCT	15···30	10^3···10^4	10^{-9}···10^{-7}	strukturlos
CTTS	20···50	10^3···10^4	$\ll 10^{-9}$	breite Bande, vom LM abhängig
$\pi\pi^*$ spinerlaubt spinverboten	10···30	10^5 10^{-3}···0,1	10^{-8} $< 10^{-3}$	oft mit Schwingungsstruktur

plexe mit einem großen statischen Dipolmoment wird eine ausgeprägte Abhängigkeit des Lumineszenzspektrums von der Polarität des Lösungsmittels beobachtet.

Die Emission aus einem $\pi\pi^*$-Zustand ist ebenfalls stark strukturiert und ähnelt bis auf eine Rotverschiebung von etwa 1000 cm^{-1} dem Phosphoreszenzspektrum des unkomplexierten Liganden. Die Abklingzeit der Lumineszenz liegt bei 77 K im Millisekundenbereich und ist damit etwa um den Faktor 100 kürzer als im Falle des freien Liganden. Eine größere Lösungsmittelabhängigkeit der Energie der Lumineszenzstrahlung wird im allgemeinen nicht beobachtet.

Hervorzuheben ist, daß d^6-Komplexe mit schwachen Liganden in der Regel nicht lumineszieren. In diesen Fällen eröffnen die relativ dicht beieinanderliegenden Ligandenfeldzustände einen Weg für die effiziente strahlungslose Desaktivierung. Dies gilt insbesondere für Komplexe mit Zentralmetallen der 4. Periode (Fe(II), Co(III)), während die Komplexe der schwereren Elemente (Ru(II), Os(II), Rh(III), Ir(III)), bei denen die Ligandenfeldaufspaltung generell größer ist, häufig auch bei schwächeren Liganden lumineszieren.

Die Existenz relativ energiearmer Ligandenfeldzustände und die sich daraus entsprechend der „Gap"-Regel ergebende Möglichkeit einer effizienten strahlungslosen Desaktivierung in den elektronischen Grundzustand ist der wichtigste Grund dafür, daß im Vergleich zu organischen Verbindungen nur vergleichsweise wenige Koordinationsverbindungen lumineszieren. Von dieser Eigenschaft wird in der Praxis bewußt Gebrauch gemacht, indem man solche Metallionen, wie z. B. Cu(II) und Ni(II), deren Komplexe mit besonders hoher Effizienz strahlungslos desaktivieren, als Stabilisatoren für organische Verbindungen (Polymere, Farbstoffe) gegenüber Licht einsetzt.

2.5. Experimentelle Grundlagen für die Untersuchung der Kinetik von Reaktionen angeregter Zustände

Im folgenden Abschnitt wird kurz skizziert, wie man Informationen über die Kinetik von Reaktionen angeregter Zustände erhalten kann. Dabei soll dargelegt werden, mit welchen Schlüsselexperimenten Einsichten in die Dynamik des Reaktionsverhaltens angeregter Zustände erhalten werden können. Auf eine ausführliche Beschreibung der hierzu notwendigen Meßmethoden muß aus Platzgründen verzichtet werden. Einzelheiten können den Lehrbüchern [2, 3] bzw. den angegebenen Übersichtsarbeiten entnommen werden.

Der Einfachheit halber seien bei den folgenden Betrachtungen der Grundzustand der Koordinationsverbindung mit S_0 und die entsprechenden angeregten Zustände gleicher Multiplizität mit S_1, S_2 usw. und die mit verschiedener Multiplizität mit T_1, T_2 usw. bezeichnet. Diese Annahme ist in bestimmten Fällen, z. B. bei Co(III)-Komplexen, zu stark vereinfacht, da bei Komplexen mit 4- bis 6*d*-Elektronen mehr als nur zwei mögliche Spinmultiplizitäten existieren. Andererseits treten bei d^1- und d^9-Komplexen nur Dublett-Terme auf.

Tabelle 2
Mögliche Spinmultiplizitäten für Koordinationsverbindungen

Anzahl der *d*-Elektronen	mögliche Spinmultiplizitäten
1	2
2	1, 3
3	2, 4
4	1, 3, 5
5	2, 4, 6
6	1, 3, 5
7	2, 4
8	1, 3
9	2
10	1

Tabelle 2 gibt eine Übersicht über die bei Übergangsmetallkomplexen mit unterschiedlicher Anzahl von *d*-Elektronen möglichen Spinmultiplizitäten.

Von größerem Interesse sind dabei vor allem die niedrigsten angeregten Zustände. Inwieweit mehr als zwei Spinmultiplizitäten eine Rolle spielen, hängt sowohl von den Eigenschaften der Liganden als auch von der Art des Zentralatoms ab, da die Energien der einzelnen Terme von dem Feldstärkeparameter *Dq* und dem Racah-Parameter *B* bestimmt werden [8]. Berücksichtigt man nur die niedrigsten angeregten Zustände, so läßt sich das in Abb. 2.2 für oktaedrische Chromium(III)-Komplexe angegebene Jablonski-Diagramm vereinfachen (vgl. Abb. 2.8). Der Vorteil dieser Betrachtungsweise liegt in ihrer Einfachheit und, sieht man von den erwähnten Ausnahmen ab, in ihrer Verallgemeinerung,

d. h. diese Form der Darstellung ist möglich, unabhängig davon, ob es sich bei S_1, S_2, T_1 usw. um LF-, CT- oder IL-Zustände handelt.

Die folgenden Methoden können herangezogen werden, um die Geschwindigkeitskonstanten und die Effizienzen der einzelnen Prozesse zu ermitteln.

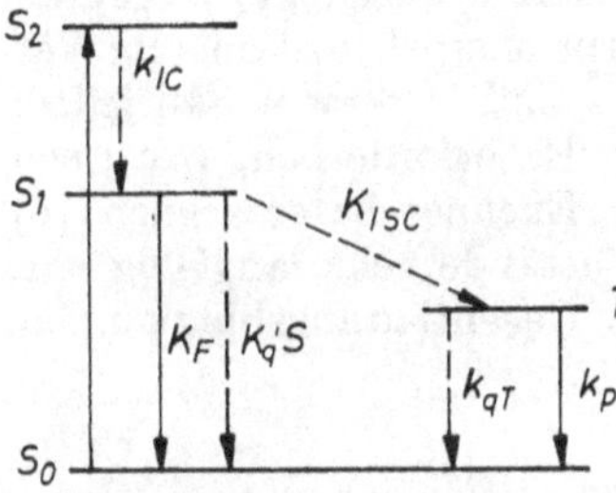

Abb. 2.8. Stark vereinfachtes JABLONSKI-Diagramm für die Ableitung einiger photokinetischer Zusammenhänge

2.5.1. Lebensdauer des angeregten Zustandes

Wenn die Koordinationsverbindung luminesziert, kann die Lebensdauer der Zustände S_1 bzw. T_1 mit Hilfe von zeitaufgelösten Lumineszenzmessungen auf der Basis von Impulstechniken ermittelt werden [16].

Hierzu wird ein kurzer Lichtimpuls (z. B. eines Lasers) auf die Probe geschickt und diese dadurch angeregt. Die zeitliche Veränderung der Lumineszenzstrahlung kann mit Hilfe der Einzelphotonenzählung oder mittels eines Boxcar-Integrators gemessen werden [2]. Im Falle eines einfachen Abklingverhaltens und eines ausreichend kurzen Anregungsblitzes liefert die Auftragung des Logarithmus der Lumineszenzintensität gegen die Zeit eine Gerade, deren Anstieg dem Kehrwert der Lebensdauer der Fluoreszenz bzw. der Phosphoreszenz entspricht.

Für die Lebensdauer τ_F bzw. τ_P gelten die Beziehungen

$$\tau_F = 1/(k_f + k_d + k_{ISC} + k_{qS}[Q]) \tag{13}$$

und

$$\tau_P = 1/(k_p + k_d' + k_{qT}[Q]) \tag{14}$$

Ist die Dauer des Anregungsblitzes groß im Vergleich zur Lumineszenzlebensdauer, so kann diese nicht mehr einfach durch semilogarithmische Auftragung gewonnen werden. In diesem Fall müssen spezielle Entfaltungstechniken angewandt werden [16, 17].

Eine direkte Bestimmung der Lebensdauer angeregter Zustände ist auch dann möglich, wenn diese nicht lumineszieren. In diesem Fall wird nach der Anregung mit einem intensiven Blitz das Absorptionsspektrum des S_1- bzw. T_1-Zustandes verfolgt. Wegen der geringeren Empfindlichkeit der Absorptionsspektroskopie im Vergleich zur Detektion der Lumineszenz sind in diesem Fall jedoch wesentlich intensivere Anregungsimpulse erforderlich, wozu sich neben Festkörper-Lasern vor allem Excimer-Laser eignen [6]. Für den Fall, daß die angeregten Zustände sehr langlebig sind ($\tau \geqq 10^{-5}$ s), eignen sich dafür auch Gasentladungsblitzlampen.

2.5.2. *Lumineszenzquantenausbeuten*

Als Lumineszenzquantenausbeute wird die Anzahl der emittierten Photonen bezogen auf die Zahl der vom System absorbierten Photonen bezeichnet. Experimentelle Einzelheiten der Bestimmung von Lumineszenzquantenausbeuten sind über [18] zugänglich.

Die Kenntnis der Lumineszenzquantenausbeute gestattet die Bestimmung der Geschwindigkeiten für die einzelnen Desaktivierungsprozesse.

So gelten folgende Beziehungen:

$$\Phi_f(S_1) = k_f/(k_f + k_d + k_{qS}[Q] + k_{ISC}) = k_f\tau_F \quad (15)$$

$$\Phi_p(S_1) = k_{ISC}k_p/(k_p + k_d' + k_{qT}[Q]) = k_p\Phi_{ISC}\tau_P \quad (16)$$

$$\Phi_p(T_1) = k_p/(k_p + k_d' + k_{qT}[Q]) = k_p\tau_P \quad (17)$$

$$\Phi_p(S_2) = \Phi_{IC}\Phi_{ISC}\Phi_p(T_1) \quad (18)$$

$$\Phi_f(S_2) = \Phi_{IC}\Phi_f(S_1) \quad (19)$$

In Klammern ist jeweils angegeben, welcher Zustand durch Absorption der Photonen angeregt wird. Mit Hilfe der Beziehung (13) kann bei Kenntnis der Lebensdauer τ_F die Geschwindigkeitskonstante der Fluoreszenz k_f ermittelt werden.

Die Effizienz Φ_{IC} für den Internal-Conversion-Prozeß ist ebenfalls leicht zugänglich:

$$\Phi_{IC} = \Phi_f(S_2)/\Phi_f(S_1) \quad (20)$$

Das Fehlen einer Wellenlängenabhängigkeit für die Quantenausbeute der Fluoreszenz zeigt somit an, daß die Effizienz des Internal-Conversion-Prozesses gleich 1 ist.

Die Effizienz Φ_{ISC} des Intersystem-Crossing-Prozesses ist im allgemeinen schwieriger zu bestimmen. Zwar läßt sich mit Hilfe der Beziehungen (16) und (17) ein zu (20) analoger Zusammenhang (21) aufstellen, doch setzt die Anwendung dieser Beziehung die direkte Anregung des spinverbotenen Zustandes T_1 voraus. Dies ist jedoch nur im Falle der schwereren Elemente, wie Osmium, Iridium und Platin, bei denen durch die starke Spin-Bahn-Kopplung das Übergangsverbot teilweise gelockert ist, möglich.

$$\Phi_{ISC} = \Phi_p(S_1)/\Phi_p(T_1) \tag{21}$$

In anderen Fällen bieten sich im Prinzip zwei Wege für die Bestimmung von Φ_{ISC} an. Beide Wege beruhen auf der Energie- bzw. Elektronenübertragung zwischen den zu untersuchenden Koordinationsverbindungen und einer geeigneten Substanz.

Bei der ersten Methode wird durch Lichtabsorption der S_1-Zustand der Koordinationsverbindung angeregt, die dann nach Intersystem-Crossing in den T_1-Zustand mit einem Akzeptor reagiert. Diese Reaktion kann z. B. eine Energieübertragung auf den Akzeptor sein, dessen Lumineszenz bzw. chemische Reaktion anschließend verfolgt wird. So kann beispielsweise Disauerstoff als Akzeptor fungieren. Der dabei durch Energieübertragung entstehende Singulettsauerstoff kann durch eine Reaktion mit einem geeigneten Fänger, wie Diphenylbenzoisofuran oder Tetramethylethen, leicht chemisch nachgewiesen werden [19, 20]. Ebenso können lumineszierende Farbstoffe oder Chromium(III)-Komplexe als Akzeptoren wirken, deren Lumineszenz anschließend registriert wird [18].

Schließlich ist auch die Elektronenübertragung zwischen der angeregten Koordinationsverbindung und einem Akzeptor (oder Donor) möglich. Durch die Wahl eines geeigneten Akzeptors läßt sich die Reaktion so gestalten, daß die Elektronenübertragung irreversibel wird, etwa dadurch, daß das reduzierte Akzeptormolekül zerfällt und dadurch die oxidierte Koordinationsverbindung angereichert wird. Beispiele hierfür sind die Reaktionen zwischen dem angeregten $[Ru(bipy)_3]^{2+}$ und $[Co(ox)_3]^{3-}$ bzw. $S_2O_8^{2-}$, bei denen die Bildung des Ruthenium(III)-Komplexes gemäß (22) bzw. (23) spektralphotometrisch leicht nachgewiesen werden kann.

$$^*[Ru(bipy)_3]^{2+} + 2\,[Co(ox)_3]^{3-} \rightarrow [Ru(bipy)_3]^{3+} + 2\,Co^{2+} + 5\,ox^{2-} + 2\,CO_2 \qquad (22)$$

$$^*[Ru(bipy)_3]^{2+} + S_2O_8^{2-} \rightarrow [Ru(bipy)_3]^{3+} + SO_4^{2-} + SO_4^{\cdot -} \qquad (23)$$

Das nach (23) gebildete Radikal $SO_4^{\cdot -}$ kann mit einem weiteren Ruthenium(II)-Komplex unter Bildung eines zweiten $[Ru(bipy)_3]^{3+}$ reagieren.

Für die Quantenausbeute des gebildeten Ruthenium(III)-Komplexes gilt

$$\Phi(Ru^{III}) = n\Phi_{ISC}\eta_{ET} \qquad (24)$$

Hierbei ist $n = 1$ für die Reaktion mit Co(III) und $n = 2$ für die Reaktion mit Peroxodisulfat. η_{ET} stellt die Effizienz der Elektronenübertragung zwischen dem angeregten Ru(II)-Komplex und dem Elektronenakzeptor dar. Diese beträgt im vorliegenden Fall 1, so daß sich die Effizienz des Intersystem-Crossing-Prozesses leicht berechnen läßt. Der Vorteil dieses Verfahrens besteht darin, daß diese Größe auch für nichtlumineszierende Verbindungen bestimmt werden kann. Von Nachteil ist hingegen, daß die Effizienzen der Elektronen- bzw. Energieübertragung oft nicht genau bekannt sind.

Der zweite Weg der Bestimmung der Intersystem-Crossing-Effizienz von Koordinationsverbindungen beruht ebenfalls auf der Energieübertragung. Dabei wird ein geeigneter Donor mit bekannter Intersystem-Crossing-Effizienz Φ_{ISC}^{D} angeregt. Der angeregte Donor überträgt dann nach Intersystem Crossing seine Energie auf die als Akzeptor fungierende Koordinationsverbindung. Aus der Intensität der Phosphoreszenz I_{sens} des Akzeptors bei sensibilisierter Anregung und der Phosphoreszenzintensität I_{dir} bei direkter Anregung der Koordinationsverbindung in die spinerlaubte Absorptionsbande erhält man nach (25) die Effizienz für den Intersystem-Crossing-Prozeß innerhalb der Koordinationsverbindung.

$$\Phi_{ISC} = \Phi_{ISC}^{D} I_{dir}/I_{sens} \qquad (25)$$

Auch hier wird angenommen, daß die Effizienz der Energieübertragung gleich Eins ist, was wiederum die größte Fehlerquelle bei diesem Bestimmungsverfahren darstellt.

Wenn man anstelle der Phosphoreszenzintensitäten die chemischen Umsätze bei direkter und sensibilisierter Anregung bestimmt, so läßt sich dieses Verfahren ebenfalls für nichtlumineszierende Koordinationsverbindungen anwenden.

Mit Hilfe der Energieübertragung und der Bestimmung des chemischen Umsatzes läßt sich auch die Energie des niedrigsten spinverbotenen Zustandes für solche Fälle ermitteln, wo spektroskopische Methoden wegen zu wenig intensiven $T_1 \leftarrow S_0$-Übergängen oder Fehlen von Phosphoreszenzspektren versagen. Man wendet dabei Energiedonatoren verschiedener, aber gut bekannter Energie des niedrigsten spinverbotenen Zustandes an und verfolgt die Produktausbeuten der sensibilisierten Reaktion. Diese erreicht ihren Maximalwert, wenn die Energie des Donors und des Akzeptors etwa übereinstimmen.

2.5.3. *Desaktivierung angeregter Zustände durch Löschung*

Eine weitere wichtige Größe, die das photochemische Verhalten von Koordinationsverbindungen beeinflußt, ist die Desaktivierung angeregter Zustände durch Fremdmoleküle. Dieser Prozeß wird als Löschung bezeichnet und wird durch die Löschkonstante k_q charakterisiert. Als Löscher Q kann auch die Koordinationsverbindung im Grundzustand fungieren. Man spricht in diesem Fall von der sogenannten Selbstlöschung.

Die Löschung ist im Unterschied zu anderen Desaktivierungsprozessen (vgl. Abb. 2.8) ein bimolekularer Prozeß und hängt demzufolge von der Konzentration des Löschers ab. Von dieser Eigenschaft kann man Gebrauch machen, um die Löschkonstante experimentell zu bestimmen. Dazu mißt man eine Größe, z. B. die Fluoreszenzquantenausbeute, in Abhängigkeit von der Löscherkonzentration. Bildet man das Verhältnis $\Phi_f(S_1)^0/\Phi_f(S_1)$, wobei $\Phi_f(S_1)^0$ die Fluoreszenzquantenausbeute in Abwesenheit eines Löschers ist, so ergibt sich unter Verwendung von Gl. (15) der folgende Ausdruck (26).

$$\Phi_f(S_1)^0/\Phi_f(S_1) = 1 + k_{qS}\tau_F{}^0[Q] \qquad (26)$$

$\tau_F{}^0$ ist hierbei die Lebensdauer in Abwesenheit eines Löschers, die auch als wahre Fluoreszenzlebensdauer bezeichnet wird.

Die Auftragung von $\Phi_f(S_1)^0/\Phi_f(S_1)$ gegen die Löscherkonzentration $[Q]$ liefert eine Gerade mit dem Anstieg $k_{qS}\tau_F{}^0$. Diese Art der graphischen Darstellung wird auch als STERN-VOLMER-Auftragung bezeichnet. Für das Produkt $k_{qS}\tau_F{}^0$ wird auch die Bezeichnung STERN-VOLMER-Konstante K_{SV} verwendet.

Anstelle der Fluoreszenzquantenausbeute können auch die Fluoreszenzintensität oder die Lebensdauer τ_F aufgetragen werden. In allen Fällen sollten sich bei Vorliegen eines bimolekularen Löschmechanismus die gleichen Werte für K_{SV} bzw. k_{qS} ergeben.

Neben diesem bimolekularen oder dynamischen Löschprozeß existiert vor allem für Koordinationsverbindungen noch der statische Prozeß [21]. Dieser Mechanismus kann z. B. dann beobachtet werden, wenn die Koordinationsverbindung und der Löscher in Form von Ionenpaaren in einem Assoziationsgleichgewicht stehen. Da nur die nichtassoziierten Koordinationsverbindungen lumineszieren, führt die Assoziation mit dem Löscher zu einer Verringerung der Lumineszenzintensität. Die entsprechende Stern-Volmer-Darstellung zeigt in diesem Fall Abweichungen vom linearen Verhalten, vor allem bei hohen Löscherkonzentrationen. Da zwar die Lumineszenzintensität, nicht aber die Lebensdauer von der Assoziation beeinflußt wird, läßt sich durch die Kombination von Lebensdauer-Messungen mit der Bestimmung der Fluoreszenzintensität die Assoziationskonstante K ermitteln [22].

$$\frac{\Phi_f(S_1)^0}{\Phi_f(S_1)} \cdot \frac{\tau_F}{\tau_F{}^0} = (1 + K[Q]) \tag{27}$$

Bei Kenntnis der Löschkonstanten, der verschiedenen Lumineszenzquantenausbeuten und der Effizienzen des Internal-Conversion- und Intersystem-Crossing-Prozesses lassen sich im Prinzip anhand der Gln. (15) bis (19) alle übrigen Geschwindigkeitskonstanten, einschließlich k_{IC} und k_{ISC}, bestimmen. Dies ist vor allem deshalb bedeutsam, weil die direkte Bestimmung von k_{IC} und k_{ISC} durch Verfolgung des Aufbaus der Fluoreszenz bzw. der Phosphoreszenz zur Zeit noch auf erhebliche experimentelle Schwierigkeiten stößt. So haben Messungen an Rhodium(III)-Komplexen ergeben, daß die Bildung des Triplettzustandes in Zeiten von weniger als 100 ps erfolgt.

2.6. *Bimolekulare Reaktionen angeregter Zustände von Koordinationsverbindungen*

Die wichtigsten Löschprozesse für Koordinationsverbindungen im angeregten Zustand sind zum einen die Energieübertragung auf einen geeigneten Akzeptor und zum anderen die Löschung durch chemische Reaktion mit einem im System anwesenden Reaktionspartner. Neben den photoinduzierten monomolekularen Redoxreaktionen, Isomerisierungen, Dissoziations- und Substitutionsreaktionen machen diese Reaktionen einen wesentlichen Teil dessen aus, was man unter dem Besonderen von Photoreaktionen von Koordinationsverbindungen versteht [23].

Im folgenden Teil sollen die grundlegenden Modelle und Mechanismen zur Beschreibung der bimolekularen Reaktion elektronisch angeregter Moleküle vorgestellt werden. Eine eingehende Diskussion dieser Modelle im Zusammenhang mit der spektralen Sensibilisierung photokatalytischer Systeme erfolgt dagegen im Abschn. 5.

2.6.1. Energieübertragung

Die Energieübertragung zwischen einer elektronisch angeregten Koordinationsverbindung und einem Akzeptor kann nach zwei grundlegenden Mechanismen ablaufen: nach dem COULOMB-Mechanismus oder nach dem Austauschmechanismus.

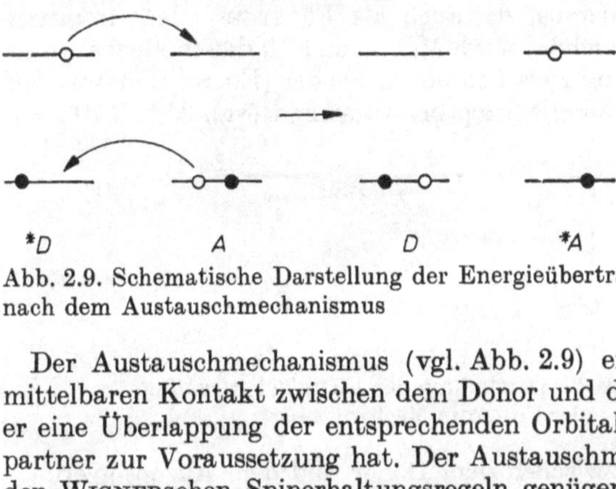

Abb. 2.9. Schematische Darstellung der Energieübertragung nach dem Austauschmechanismus

Der Austauschmechanismus (vgl. Abb. 2.9) erfordert den unmittelbaren Kontakt zwischen dem Donor und dem Akzeptor, da er eine Überlappung der entsprechenden Orbitale der Reaktionspartner zur Voraussetzung hat. Der Austauschmechanismus muß den WIGNERschen Spinerhaltungsregeln genügen. Diese besagen, daß für Energieübertragungsreaktionen unter den Spinzuständen, die sich durch Kopplung der Spins des angeregten Donors $*D$ und des Akzeptors A ergeben, wenigstens ein Zustand befinden muß, der auch unter den durch Kopplung der Spins des Donors D und des angeregten Akzeptors $*A$ erzeugten Spinzustände vorhanden ist. Wenn also S^*_D und S_A die Spins des angeregten Donors bzw. des Akzeptors sind, so ergeben sich als mögliche Spinzustände

$$S^*_D + S_A,\; S^*_D + S_A - 1,\; \ldots,\; |S^*_D - S_A|.$$

Für das aus dem Akzeptor im elektronisch angeregten Zustand und der Koordinationsverbindung im Grundzustand bestehende Produktpaar ergeben sich folgende mögliche Spinzustände:

$$S_D + S^*_A,\ S_D + S^*_A - 1,\ \ldots,\ |S_D - S^*_A|,$$

Da für Koordinationsverbindungen der Spin häufig größer als 1 ist, erhöht sich die Wahrscheinlichkeit, daß $^*D/A$ und $D/^*A$ einen Spinzustand gemeinsam haben. Die WIGNERschen Spinerhaltungsregeln wirken demzufolge bei Reaktionen, an denen Koordinationsverbindungen beteiligt sind, weniger selektierend als bei Reaktionen organischer Verbindungen, bei denen in der Regel nur Singulett- und Triplettzustände auftreten.

Trotz der verminderten Selektivität spielen Energieübertragungsreaktionen, insbesondere solche, bei denen organische Energiedonatoren verwendet werden, eine große Rolle bei der Bestimmung der Multiplizität reaktiver angeregter Zustände von Koordinationsverbindungen.

Die zweite Art der Energieübertragung ist der sogenannte COULOMB-Mechanismus, der auch als FÖRSTER- oder Resonanzmechanismus bezeichnet wird. Man kann sich diesen Mechanismus als Wechselwirkung zwischen einem Sender (Energiedonator) und einer Antenne (Energieakzeptor) vorstellen (vgl. Abb. 2.10). Die

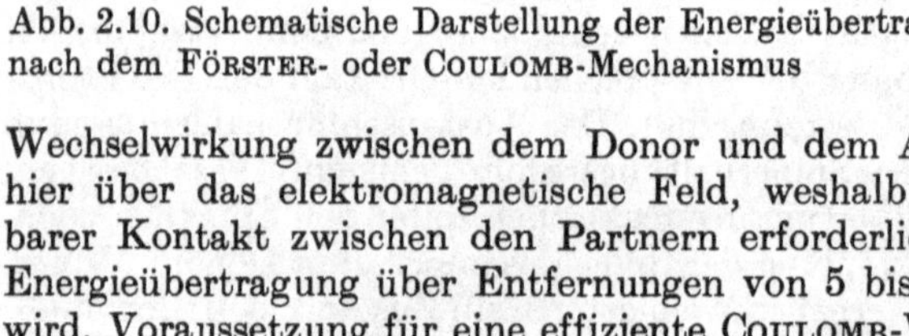

Abb. 2.10. Schematische Darstellung der Energieübertragung nach dem FÖRSTER- oder COULOMB-Mechanismus

Wechselwirkung zwischen dem Donor und dem Akzeptor erfolgt hier über das elektromagnetische Feld, weshalb kein unmittelbarer Kontakt zwischen den Partnern erforderlich ist und eine Energieübertragung über Entfernungen von 5 bis 10 nm möglich wird. Voraussetzung für eine effiziente COULOMB-Wechselwirkung sind jedoch neben einer möglichst großen Überlappung des Emissionsspektrums des Energiedonators und des Absorptionsspektrums des Energieakzeptors (sogenanntes Überlappungsintegral) hohe Oszillatorstärken für den Übergang zwischen dem Grund- und angeregten Zustand des Donors bzw. Akzeptors. Die letztere

Bedingung ist jedoch für die meisten Koordinationsverbindungen nur unzureichend erfüllt. Das gilt vor allem dann, wenn Ligandenfeldübergänge (LAPORTE-Verbot!) angeregt werden. Der COULOMB-Mechanismus spielt daher bei der Energieübertragung der leichteren Übergangsmetallkomplexe nur eine untergeordnete Rolle. Im Falle der schwereren Elemente, deren Koordinationsverbindungen häufig energiearme Charge-Transfer-Zustände aufweisen, können dagegen Energieübertragungen nach dem COULOMB-Mechanismus sehr effizient sein, zumal hierfür im Unterschied zum Austauschmechanismus keine Spinrestriktionen gelten. In bestimmten Fällen, wo der Austauschmechanismus auf Grund der Spinrestriktionen (z. B. beim Triplett-Singulett-Energietransfer) nur eine geringe Effizienz besitzt, stellt der COULOMB-Mechanismus eine mögliche Alternative dar.

2.6.2. Löschung elektronisch angeregter Zustände durch bimolekulare chemische Reaktionen

Koordinationsverbindungen im angeregten Zustand können in gleicher Weise wie solche im elektronischen Grundzustand bimolekulare chemische Reaktionen mit geeigneten Partnern eingehen. Dabei erfolgt eine Desaktivierung des angeregten Zustandes.

Da für bimolekulare chemische Reaktionen, anders als bei der Energieübertragung nach dem COULOMB-Mechanismus, ein Aufeinandertreffen der Reaktionspartner erforderlich ist, kann jede Löschung durch eine chemische Reaktion nur höchstens so schnell wie die Diffusion sein (diffusionskontrollierte Reaktion).

Die Geschwindigkeitskonstante k_{diff} für die Diffusion hängt sowohl von der Viskosität η des Lösungsmittels als auch von der Temperatur ab und kann näherungsweise nach der modifizierten DEBYE-Gleichung (28) berechnet werden.

$$k_{diff} = \frac{8RT}{3000\eta} \tag{28}$$

Zu den möglichen bimolekularen chemischen Reaktionen, die zur Löschung angeregter Zustände von Koordinationsverbindungen führen können, gehören Redoxreaktionen, Reaktionen der koordinierten Liganden sowie Substitutionsreaktionen. Ligandensubstitutionsreaktionen und Reaktionen koordinierter Liganden erfordern in der Regel die Population angeregter Ligandenfeld- bzw. Intraligand-Zustände (vgl. Abschn. 3.) während Redoxreaktionen für nahezu alle Arten von angeregten Zuständen beobachtet wurden und aus diesem Grund eine gesonderte Betrachtung verdienen.

Generell kann festgestellt werden, daß elektronisch angeregte Koordinationsverbindungen sowohl bessere Oxidations- als auch Reduktionsmittel als die entsprechenden Verbindungen im Grundzustand darstellen (vgl. Abb. 2.11).

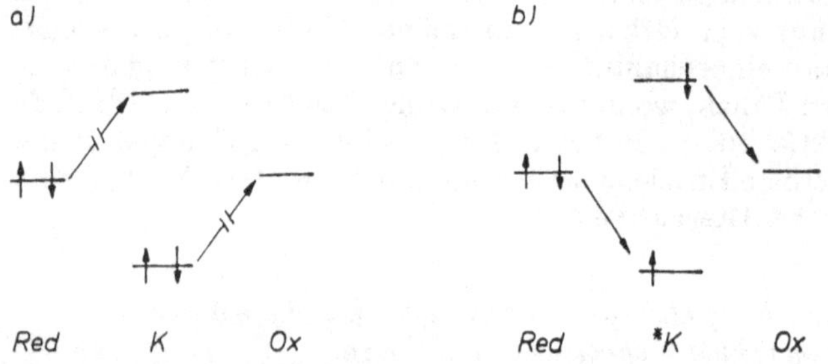

Abb. 2.11. a) sowohl Reduktion als auch Oxidation des Komplexes K sind verboten
b) elektronisch angeregter Komplex *K kann sowohl reduziert als auch oxidiert werden

Wie aus Abb. 2.11a ersichtlich ist, stellen sowohl die Oxidation der Koordinationsverbindungen (Abgabe eines Elektrons in das niedrigste unbesetzte Orbital des Oxidationsmittels) als auch die Reduktion (Aufnahme eines Elektrons vom niedrigsten unbesetzten Orbital der Koordinationsverbindungen) in dem angenommenen Beispiel sogenannte „Bergauf"-Prozesse ($\Delta G > 0$) dar und sind demzufolge aus thermodynamischen Gründen verboten. Wird dagegen durch Lichtanregung ein Elektron der Koordinationsverbindung in ein höherliegendes Orbital überführt, so sind, wie Abb. 2.11b zeigt, sowohl die Reduktion als auch die Oxidation der Koordinationsverbindung möglich.

Für den Fall, daß die mit dem Übergang in den angeregten Zustand verbundene Entropieänderung vernachlässigt werden kann, was vor allem dann gilt, wenn die Geometrieänderungen klein sind, können das Oxidations- bzw. Reduktionspotential der elektronisch angeregten Koordinationsverbindungen näherungsweise mittels der Gln. (29) und (30) bestimmt werden.

$$E^0(M^*/M^+) = E^0(M/M^+) + E_{0-0} \quad (29)$$

$$E^0(^*M/M^-) = E^0(M/M^-) + E_{0-0} \quad (30)$$

Hierbei ist E_{0-0} die Energie des sogenannten 0–0-Übergangs, die anhand des Absorptions- bzw. Emissionsspektrums bestimmt werden kann (vgl. Abschn. 2.3.).

Ein grundsätzlich anderer Weg der Bestimmung von Redoxpotentialen elektronisch angeregter Zustände von Koordinationsverbindungen kann durch die Messung der Geschwindigkeiten der Elektronenübertragung beschritten werden. Eine ausführliche Beschreibung der zugrunde liegenden Theorie würde zweifellos den Rahmen dieses Buches sprengen, weshalb hier der Lösungsweg nur grob skizziert und ansonsten auf eine Reihe von Arbeiten mit Übersichtscharakter verwiesen werden soll [23–27]; vgl. auch Kap. 5.

Die bimolekulare Elektronenübertragung zwischen einer elektronisch angeregten Koordinationsverbindung $^*D$ und einem Löscher A kann in drei Elementarschritte zerlegt werden:

$$^*D + A \rightleftharpoons \underset{\text{Precursor-Komplex}}{^*D \cdots A} \underset{}{\overset{k_{el}}{\rightleftharpoons}} \underset{\text{Successor-Komplex}}{D^+ \cdots A^-} \rightleftharpoons D^+ + A^- \qquad (31)$$

Dieser Prozeß umfaßt

1. die Bildung eines Stoßkomplexes zwischen der angeregten Koordinationsverbindung (sogenannter Precursor-Komplex),
2. die Elektronenübertragung innerhalb des Precursor-Komplexes und die Bildung des sogenannten Successor-Komplexes sowie
3. die diffusive Trennung der Redoxprodukte.

Die Geschwindigkeitskonstante k_{el} für die Elektronenübertragung innerhalb des Precursor-Komplexes kann nach Gl. (32) berechnet werden:

$$k_{el} = p \cdot Z \cdot \exp\left(-\Delta G^*/RT\right) \qquad (32)$$

Hierbei stellen Z die Stoßfrequenz (etwa 10^{11} M^{-1} s^{-1}) und p die Wahrscheinlichkeit für die Umwandlung der Reaktanten in die Produkte dar, wobei p Werte zwischen 0 und 1 annehmen kann, je nachdem ob die Reaktion adiabatisch ($p = 1$) oder nichtadiabatisch verläuft. Die freie Aktivierungsenthalpie ΔG^* setzt sich aus der freien Reaktionsenthalpie ΔG^0 und einem Teil zusammen, der die für die Reorganisation der Koordinationssphäre erforderlichen Energie λ berücksichtigt (33), vgl. Abb. 2.12.

$$\Delta G^* = \lambda/4\,(1 + \Delta G^0/\lambda)^2 \qquad (33)$$

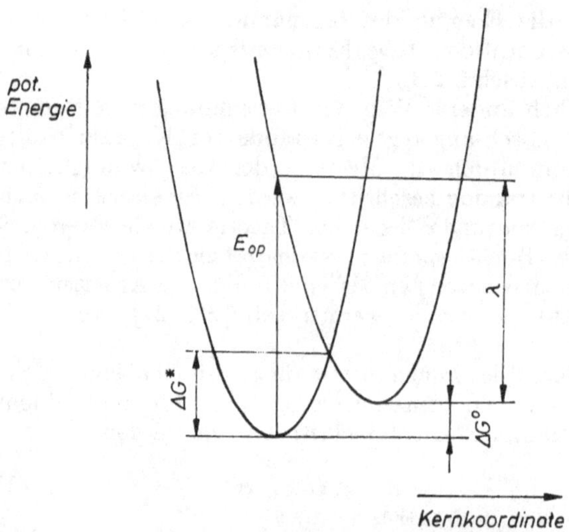

Abb. 2.12. Energetische Verhältnisse und Potentialkurven von Precursor- (links) und Successor-Komplex (rechts) der Elektronenübertragung

Die Reorganisation der Koordinationssphäre ist vor dem eigentlichen Elektronenübergang notwendig, da auf Grund des FRANCK-CONDON-Prinzips während der Reaktion keine Geometrieänderung erfolgen kann.

Für die Elektronenübertragung zwischen Partner, die sich im elektronischen Grundzustand befinden, kann die Reorganisationsenergie durch Messung der Selbstaustauschreaktionen (34) und (35) bestimmt werden (ΔG^0 ist in diesen Fällen gleich Null).

$$D + D^+ \rightleftharpoons D^+ + D \tag{34}$$

$$A + A^- \rightleftharpoons A^- + A \tag{35}$$

Die Reorganisationsenergie für die Reaktion zwischen A und D ergibt sich dann nach MARCUS als arithmetisches Mittel der Reorganisationsenergien der Sebstaustauschreaktionen (34) und (35). Diese Methode ist aber nur auf Koordinationsverbindungen im Grundzustand und nicht ohne weiteres auf solche im angeregten Zustand anwendbar. Die STOKESsche Verschiebung der Emissionsspektren gestattet jedoch Aussagen darüber, wie sich die Reorganisationsenergie im angeregten Zustand von der des Grundzustandes unterscheidet. Hat man auf diese Weise λ bestimmt, so kann nach Gl. (33) die freie Reaktionsenthalpie ΔG^0 und damit das Oxidations- bzw. Reduktionspotential der angeregten Koordinationsverbindung mit Hilfe der bekannten Beziehung (36) und dem Reduktions- bzw. Oxidationspotential des Reaktionspartners ermittelt werden.

$$\Delta G^0 = -n \cdot F \cdot E^0 \tag{36}$$

(E^0 ist hierbei das Standardelektrodenpotential; wegen der elektrochemischen Vorzeichenkonvention vgl. z. B. [89]).

Die Löschung angeregter Zustände von Koordinationsverbindungen durch geeignete Elektronendonatoren oder -akzeptoren ist in einer Reihe von Fällen systematisch untersucht worden [23]. Dabei ging es um die auch theoretisch interessante Frage, wie die Geschwindigkeitskonstante k_{el} von der freien Reaktionsenthalpie ΔG^0 abhängt. Die Beantwortung dieser Frage ist nicht zuletzt deshalb von großem Interesse, da sie zum Prüfstein unterschiedlicher theoretischer Vorstellungen über den Elektronentransfer geworden ist.

Während die theoretischen Betrachtungen von MARCUS den in Abb. 2.13 dargestellten Verlauf *1* voraussagen, fanden SCANDOLA und BALZANI [22] sowie REHM und WELLER [28] den in Kurve *2* angegebenen Zusammenhang zwischen der Geschwindigkeitskonstante für die Elektronenübertragung und der freien Reaktionsenthalpie. Interessant ist vor allem der Kurvenverlauf im Bereich

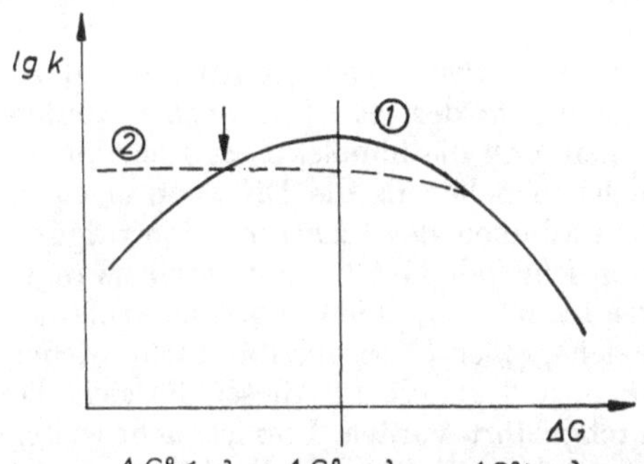

Abb. 2.13. Abhängigkeit der Geschwindigkeitskonstante der Elektronenübertragung von der freien Reaktionsenthalpie:
① – Abhängigkeit entsprechend der MARCUS-Theorie,
② – Abhängigkeit nach REHM und WELLER

stark negativer freier Aktivierungsenthalpien. Nach der MARCUS-Theorie wird hier ein Abfall der Geschwindigkeit erwartet, was anhand der in Abb. 2.14 dargestellten Potentialkurven plausibel gemacht werden kann. Mit zunehmender Exergonizität der Reaktion verringert sich zunächst die freie Aktivierungsenthalpie, um für $\Delta G^0 = -\lambda$ den Minimalwert 0 zu erreichen. Sinkt ΔG^0 danach weiter ab, so steigt ΔG^* wieder an, was einen Abfall der Elektronenübertragungsgeschwindigkeit zur Folge hat. Man nennt diesen Bereich auch den invertierten oder anomalen MARCUS-Bereich.

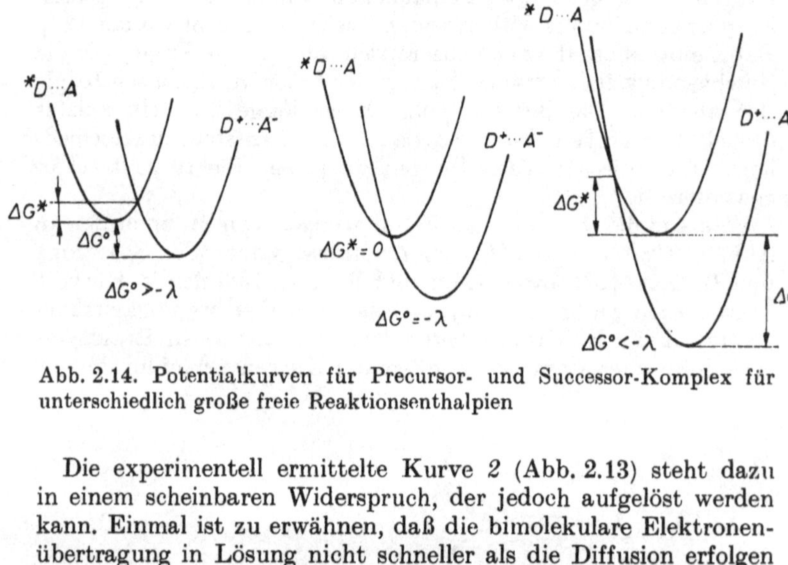

Abb. 2.14. Potentialkurven für Precursor- und Successor-Komplex für unterschiedlich große freie Reaktionsenthalpien

Die experimentell ermittelte Kurve *2* (Abb. 2.13) steht dazu in einem scheinbaren Widerspruch, der jedoch aufgelöst werden kann. Einmal ist zu erwähnen, daß die bimolekulare Elektronenübertragung in Lösung nicht schneller als die Diffusion erfolgen kann. Wenn also die Geschwindigkeit der Elektronenübertragung in die Nähe der Diffusionsgeschwindigkeit kommt, muß zwangsläufig die Kurve ein Plateau erreichen. Bliebe noch zu erklären, warum die Kurve im Bereich großer Exergonizität nicht wieder abfällt. Hier ist zu bemerken, daß gerade für diesen Bereich die wenigsten Experimente durchgeführt wurden. Dies ist nicht weiter verwunderlich, da dermaßen stark exotherme Reaktionen sehr selten sind. Interessant sind in diesem Zusammenhang neueste Untersuchungen von WASIELEWSKI und Mitarb. [29], die an Porphyrinatozink(II)-Komplexen mit chinoiden Substituenten lichtinduzierte Elektronentransferreaktionen mit der von MARCUS vorausgesagten Abhängigkeit der Geschwindigkeitskonstante von der freien Reaktionsenthalpie beobachteten.

Stark exotherme chemische Reaktionen sind nicht selten mit Chemilumineszenzerscheinungen verbunden [30]. Für die hier betrachteten Redoxreaktionen elektronisch angeregter Koordinationsverbindungen bedeutet das, daß die entstehenden Produkte nicht unbedingt als Moleküle im Grundzustand anfallen müssen, sondern nach der Elektronenübertragung auch im elektronisch angeregten Zustand vorliegen können. Dadurch würde, wie aus Abb. 2.15 ersichtlich ist, die Aktivierungsenergie verringert werden.

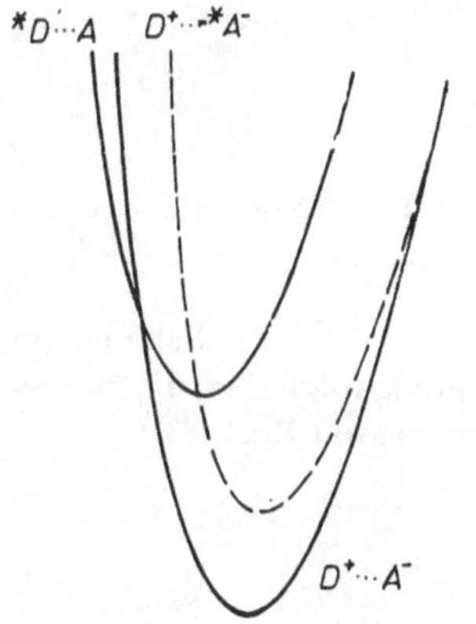

Abb. 2.15. Verlauf der Potentialkurven für Precursor- und Successor-Komplex der Elektronenübertragung bei stark negativer freier Aktivierungsenthalpie (gestrichelte Kurve — Successor-Komplex mit elektronisch angeregten Redoxprodukten)

Neben Elektronenübertragungsreaktionen kann auch die Protonenübertragung zur Desaktivierung elektronisch angeregter Zustände führen. Elektronisch angeregte Verbindungen besitzen häufig ein gegenüber dem Grundzustand verändertes Säure-Basen-Verhalten. Im Unterschied zu organischen Verbindungen, bei denen diese Erscheinung sehr stark verbreitet und gut untersucht ist, wurde die Veränderung der Basizität bzw. Acidität elektronisch angeregter Koordinationsverbindungen bisher nur an wenigen Beispielen, wie $[Ru(bipy)_2(CN)_2]$ und $[Ru(bipy)_2(bipy\text{-}4,4'\text{-}(COOH)_2)]^{2+}$, bei denen die Säuredissoziationskonstanten im angeregten Zustand um 5 Zehnerpotenzen größer sind, demonstriert.

Eine Erklärung dieses Verhaltens ist mit Hilfe des von FÖRSTER bereits im Jahre 1950 angegebenen Zyklus möglich (vgl. Abb. 2.16). Unter Berücksichtigung des HESSschen Satzes gilt für den in Abb. 2.16 dargestellten Kreisprozeß

$$\Delta_D H + E_{0-0}(A^-) = \Delta_D{}^* H + E_{0-0}(HA) \tag{37}$$

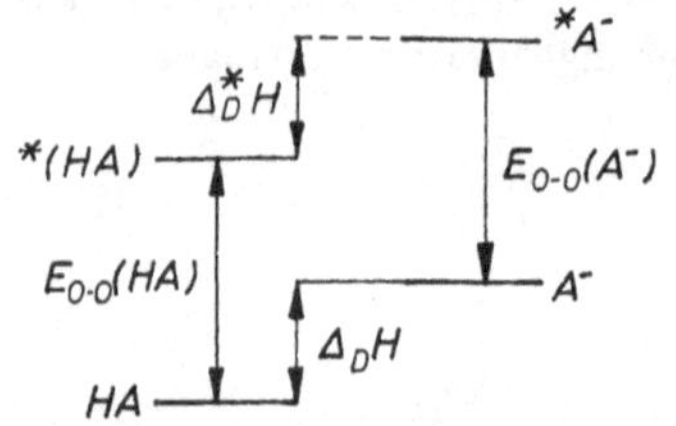

Abb. 2.16. FÖRSTER-Zyklus zur Bestimmung der Säurestärke im elektronisch angeregten Zustand

Für den Fall, daß die Entropieänderung für die Reaktionen im Grund- und angeregten Zustand gleich sind, folgt für die Säure-Basen-Gleichgewichte im Grund- und angeregten Zustand:

$$RT \ln K^* = -\Delta_D{}^* H \tag{38}$$

$$RT \ln K = -\Delta_D H \tag{39}$$

bzw.

$$RT \ln (K/K^*) = \Delta_D{}^* H - \Delta_D H \tag{40}$$

Unter Berücksichtigung von (37) ergibt sich daraus

$$RT \ln (K/K^*) = E_{0-0}(A^-) - E_{0-0}(HA) \tag{41}$$

und nach Umformung und Berücksichtigung der Konstanten folgt schließlich

$$pK^* = pK - \frac{0{,}625}{T} \left(\bar{\nu}(HA) - \bar{\nu}(A^-)\right) \tag{42}$$

Hierbei sind $\bar{\nu}(HA)$ und $\bar{\nu}(A^-)$ die Wellenzahlen für die 0—0-Übergänge der protonierten und deprotonierten Form. Da die Energie des 0—0-Übergangs sowohl durch Absorptions- als auch Emissions messungen bestimmt werden kann, besteht die Möglichkeit der

Bestimmung von pK^*-Werten für spinverbotene Zustände durch Auswertung der Phosphoreszenzspektren der protonierten und deprotonierten Form.

3. Photoreaktionen von Koordinationsverbindungen

Die durch Lichtabsorption erzeugten angeregten Zustände von Koordinationsverbindungen (Thexi-States) besitzen eine Energie, die mit 200 bis 400 kJ · mol^{-1} deutlich über der für die meisten chemischen Reaktionen von Koordinationsverbindungen erforderlichen Aktivierungsenergie von etwa 80 bis 120 kJ · mol^{-1} liegt. Häufig wird darin die eigentliche Ursache für die erhöhte chemische Reaktivität angeregter Zustände gesehen, was jedoch nur in wenigen Ausnahmefällen zutreffend ist. Hierzu gehören die bisher nur in wenigen Fällen sicher nachgewiesenen Reaktionen aus dem heißen Grundzustand [7]. Solche Reaktionen sind möglich, wenn bei der Relaxation höherer angeregter Zustände in den Grundzustand gerade solche Schwingungszustände populiert werden, die für die jeweilige chemische Reaktion verantwortlich sind. Die Art der Schwingungszustände, die bei der strahlungslosen Desaktivierung durchlaufen werden, wird jedoch vom quantenmechanischen Überlappungsintegral bestimmt, und die Chance, daß es gerade die für die chemische Reaktion verantwortlichen Zustände sind, ist oft sehr gering. Die niedrigen Quantenausbeuten für die Aquotisierung von Amminkomplexen des Cobalt(III) bei der Anregung der Ligandenfeldzustände zeigen, daß die strahlungslose Desaktivierung hauptsächlich über nichtreaktive Schwingungszustände verläuft. Andererseits liegen zuverlässige Hinweise dafür vor, daß die photoinduzierte Substitution des Chloroliganden im $[Co(NH_3)_5Cl]^{2+}$ bei Anregung der Ligandenfeldzustände tatsächlich eine Reaktion des heißen Grundzustandes ist. So ergibt die Korrelation der Quantenausbeute mit der Anregungsenergie einen annähernd linearen Zusammenhang (vgl. [31]), woraus durch Extrapolation auf die Quantenausbeute Null eine Schwellenenergie von etwa 109 kJ · mol^{-1} ermittelt wurde, die gut mit der Aktivierungsenergie von 100 kJ · mol^{-1} für die thermische Aquotisierung des Chloroliganden übereinstimmt.

In den meisten Fällen sind die bei der Lichtabsorption beobachteten chemischen Reaktionen auf entsprechende Reaktionen thermisch-äquilibrierter angeregter Zustände (Thexi-States) zurückzuführen. Die Thexi-States von Koordinationsverbindungen lassen sich, wie im vorangegangenen Abschnitt dargelegt wurde, als kurzlebige reaktive Isomere der jeweiligen Grundzustandsverbindungen auffassen.

Im Unterschied zu den meisten organischen Verbindungen beobachtet man bei Koordinationsverbindungen häufig die Erscheinung, daß die Einstrahlung in verschiedene Absorptionsbanden zu unterschiedlichen Thexi-States und damit zu unterschiedlichen Photoreaktionen führt [12]. Andererseits kann bei solchen Koordinationsverbindungen, die unabhängig von der Energie des Anregungslichtes stets in den energieärmsten angeregten Zustand desaktivieren, durch geringe Veränderungen in der Koordinationssphäre die energetische Reihenfolge der angeregten Zustände und damit ebenfalls das photochemische Verhalten der Koordinationsverbindung beeinflußt werden.

Ob eine Photoreaktion stattfindet, in welchem Umfang und mit welchen Produkten, hängt somit von vielen Faktoren ab.

Die relative energetische Lage der einzelnen Zustände, die Geschwindigkeiten der verschiedenen Desaktivierungsprozesse und damit die Lebensdauer der angeregten Zustände, aber auch die mit der Erzeugung der verschiedenen Thexi-States verbundenen Geometrieänderungen haben einen entscheidenden Einfluß auf den Verlauf der Photoreaktion. Zwar ist es möglich, anhand von quantenmechanischen Berechnungen, chemischer Intuition und empirisch gefundenen Regeln die einzelnen Banden des Absorptionsspektrums von Koordinationsverbindungen zuzuordnen, doch ist im Vergleich dazu die Aufklärung des jeweiligen reaktiven Zustandes von Photoreaktionen eine um ein Mehrfaches kompliziertere Aufgabe. Oft handelt es sich dabei um sogenannte nichtspektroskopische Zustände, d. h. um solche, die im Absorptionsspektrum nicht anhand von Absorptionsbanden erkennbar sind. Kontroverse Auffassungen über den Mechanismus bestimmter Photoreaktionen — man denke nur an den über ein Jahrzehnt währenden Disput darüber, ob bei Chromium(III)-Komplexen der energetisch niedrigste angeregte Dublett- oder Quartettzustand Ausgangspunkt der Photoreaktivität ist — sind daher nicht verwunderlich.

Daß derartige Schwierigkeiten bei der Charakterisierung von Photoreaktionen im Falle von Koordinationsverbindungen offenbar häufiger auftreten als bei organischen Verbindungen, liegt an einigen Besonderheiten der Koordinationsverbindungen. Diese sind insbesondere darin zu sehen, daß die Energieunterschiede zwischen den einzelnen angeregten Zuständen hier wesentlich geringer sind.

Auf Grund der verhältnismäßig schwachen koordinativen Bindungen im Vergleich zu den kovalenten Bindungen in organischen Verbindungen können im angeregten Zustand geometrische Verzerrungen so stark werden, daß die spektroskopisch beobachtbaren FRANCK-CONDON-Zustände nicht mit der Reihenfolge der Thexi-States übereinstimmen müssen. Letzteres trifft in besonderem Maße dann zu, wenn man die Zustände betrachtet, bei denen der Spin ein anderer als im Grundzustand ist. So ist zum Beispiel die Singulett-Triplett-Aufspaltung angeregter Ligandenfeldzustände auf Grund der geringeren räumlichen Delokalisation der Elektronen wesentlich größer als bei Charge-Transfer-Zuständen, bei denen oft eine Delokalisation über das gesamte Ligandensystem erfolgt. Dies kann zur Folge haben, daß zum Beispiel, obwohl der entsprechende spinerlaubte CT-Übergang der längstwellige ist, der spinverbotene Ligandenfeldzustand der energieärmste Zustand ist.

Schließlich ergeben sich eine Reihe von Besonderheiten aus der Tatsache, daß bei Koordinationsverbindungen häufig mehr als nur zwei Spinmultiplizitäten für die angeregten Zustände möglich sind. Dies führt nicht nur zu einer größeren Vielfalt der angeregten Zustände, sondern ermöglicht auch das Kreuzen von Potentialhyperflächen, was die Voraussetzung dafür ist, daß durch die Wahl der Anregungswellenlänge die Richtung der Photoreaktion beeinflußt werden kann.

3.1. Photoreaktionen von Koordinationsverbindungen in angeregten Ligandenfeldzuständen

Ligandenfeld- oder $d-d$-Übergänge sind mit einer räumlichen Umverteilung der Elektronendichte, nicht aber mit einer Änderung der effektiven Gesamtladung am Zentralmetall verbunden, d. h. der Oxidationszustand des Zentralatoms bleibt dabei unverändert. Was sich dagegen ändert, ist die Verteilung der d-Elektronen auf die bindenden (bzw. nichtbindenden) und die antibindenden Orbitale. Die Ligandenfeldanregung führt dabei zu einer Verringerung der Elektronendichte in den nichtbindenden bzw. schwach bindenden Orbitalen und zu einer Erhöhung der Elektronendichte in den antibindenden Orbitalen. Dadurch kommt es zu einer Schwächung der Metall-Ligand-Bindung und somit zur Labilisierung bestimmter Liganden. Die Folge davon können Dissoziations- bzw. Substitutions- und Isomerisierungsreaktionen sein.

Obwohl die beiden Faktoren — Zunahme der Elektronendichte in den antibindenden Orbitalen und Abnahme der Elektronendichte in den bindenden Orbitalen — gleichsinnig wirken, ist vermutlich die Zunahme der Elektronendichte in den antibindenden Orbitalen die entscheidende Ursache für die Labilisierung der Liganden bei der Ligandenfeldanregung.

Da die Ligandenfeldanregung, wie jede andere Anregung auch, zu einem Molekül mit erhöhtem Energieinhalt führt, sind auch bimolekulare Energie- und Elektronenübertragungsreaktionen mit geeigneten Partnern möglich, die mit diesen Verbindungen im elektronischen Grundzustand nicht beobachtet werden. Inwieweit derartige Reaktionen tatsächlich stattfinden, hängt von der Lebensdauer der angeregten Koordinationsverbindung, der Konzentration des Reaktionspartners und der Geschwindigkeit der jeweiligen Reaktion relativ zu allen anderen Desaktivierungsprozessen ab.

3.1.1. Substitutionsreaktionen von Koordinationsverbindungen im angeregten Ligandenfeldzustand

Photochemische Substitutionsreaktionen sind bisher ausschließlich an kinetisch inerten Komplexverbindungen untersucht worden. Dazu gehören insbesondere die sechsfach koordinierten Komplexe von Metallionen mit d^3- und low-spin-d^6-Elektronenkonfiguration, wie Cr(III), Co(III), Rh(III), Ru(II) und Pt(IV). Aber auch magnetisch anomale oktaedrische Komplexe der d^4- und d^5-Metallionen sowie Metallkomplexe niedrigerer Symmetrie, wie planare Pd(II)- und Pt(II)-Komplexe der Elektronenkonfiguration d^8 und dodekaedrische Mo(IV)- und W(IV)-Komplexe der Konfiguration d^2 gehören dazu. Das Hauptinteresse der Photochemiker bezüglich der lichtinduzierten Substitutionsreaktionen war jedoch den sechsfach koordinierten Komplexen der Metallionen mit der Elektronenkonfiguration d^3 und d^6 gewidmet.

Substitutionsreaktionen von Koordinationsverbindungen in angeregten Ligandenfeldzuständen können entweder nach dem dissoziativen oder nach dem assoziativen Mechanismus verlaufen.

Im Falle der wahrscheinlich häufigsten Koordinationszahl 6 bedeutet der dissoziative Mechanismus, daß im Primärschritt ein Zwischenprodukt mit der Koordinationszahl 5 entsteht, das dann die Koordinationssphäre durch Anlagerung eines sechsten

Liganden wieder absättigt.

$$^*ML_5X \rightarrow ML_5 + X \tag{43}$$

$$ML_5 + Y \rightarrow ML_5Y \tag{44}$$

Der in die Koordinationslücke eintretende Ligand ist in der Regel das Lösungsmittel. Unter bestimmten Bedingungen können jedoch auch in der Lösung vorhandene Anionen oder Neutralmoleküle mit dem Lösungsmittel konkurrieren und an dessen Stelle die sechste Koordinationsstelle besetzen. Dies wird besonders dann begünstigt, wenn das Lösungsmittel eine geringe Tendenz zur Koordination aufweist. Andererseits deutet der bevorzugte Eintritt von Anionen in die Koordinationssphäre des Komplexes selbst in Gegenwart gut koordinierender Lösungsmittel, wie zum Beispiel Wasser, häufig auf einen durch elektrostatische Wechselwirkungen begünstigten assoziativen Mechanismus hin.

Die beim dissoziativen Substitutionsmechanismus entstehenden koordinativ ungesättigten Metallkomplexe besitzen oftmals eine außerordentlich hohe katalytische Aktivität (vgl. Abschn. 6.1.). So können, wie durch Matrixspektroskopie bei tiefen Temperaturen nachgewiesen wurde, bei der Ligandenfeldanregung von Metallhexacarbonylen des Typs $M(CO)_6$ fünffach koordinierte kurzlebige Zwischenprodukte gebildet werden. Diese sind in der Lage, beispielsweise Olefine zu addieren und für bestimmte Umwandlungen zu aktivieren. Die Quantenausbeute der photoinduzierten Dissoziation von Metallhexacarbonylen beträgt etwa 1. Bei einer Lebensdauer des angeregten Ligandenfeldzustandes von weniger als 10^{-10} s ergibt sich daraus für die Geschwindigkeitskonstante des dissoziativen Zerfalls ein Wert von mindestens 10^{10} s^{-1}, womit die Reaktion des LF-angeregten Zustandes um mehr als 10^{16} mal schneller als die thermische Reaktion im elektronischen Grundzustand ist [32].

Eine ähnlich große Reaktivitätssteigerung wird auch bei den sogenannten Werner-Komplexen gefunden. So weisen Rhodium(III)-Komplexe des Typs $[Rh(NH_3)_5X]^{2+}$ (X = Br, Cl) im niedrigsten angeregten Ligandenfeldzustand eine um mehr als 14 Größenordnungen schnellere Labilisierung des Halogenoliganden auf [33, 34]. Rhodium(III)-Komplexe gehören neben Chromium(III)-Komplexen zu denjenigen Verbindungen, deren Photosubstitutionsreaktionen am besten untersucht sind [34, 35].

Da bei diesen Verbindungen die angeregten Ligandenfeld- und Charge-Transfer-Zustände energetisch deutlich getrennt sind und darüber hinaus auch Lumineszenz beobachtet werden kann, besitzen sie ideale Voraussetzungen als Modellsubstanzen für das Studium photoinduzierter Substitutionsreaktionen bei Ligandenfeldanregung. Im Unterschied zu Cobalt(III)-Komplexen, bei denen häufig Substitutions- und Redoxprozesse nebeneinander stattfinden, führt die Ligandenfeldanregung von Rhodium(III)-Komplexen ausschließlich zu Substitutionsreaktionen.

Die Ursachen für das Verhalten der Cobalt(III)-Komplexe sind bislang noch nicht vollständig aufgedeckt, doch spielen dabei offensichtlich mehrere Faktoren eine Rolle. Das sind zum einen die größere energetische Nähe von Charge-Transfer- und Ligandenfeldzuständen beim Cobalt(III), so daß häufig beide Zustände gleichzeitig angeregt werden. Zum anderen besitzen Cobalt(III)-Komplexe stärker kovalenten Charakter, weshalb die Ligandenfeldanregung stets auch mit einer Veränderung der Elektronendichte am Zentralatom einhergeht.

Die Ligandenfeldanregung des Komplexes $[Rh(NH_3)_5X]^{2+}$ (X = Cl, Br) führt nach Intersystem Crossing zur Population des ^3E-Zustandes, der durch die Einelektronenkonfiguration $(d_{xy})^2(d_{xz,yz})^3(d_{z^2})^1\ (d_{x^2-y^2})^0$ beschrieben werden kann. Auf Grund der Besetzung des antibindenden d_{z^2}-Orbitales kommt es vor allem zu einer Labilisierung der Bindungen entlang der z-Achse (X-Rh-NH_3, vgl. Abb. 3.1).

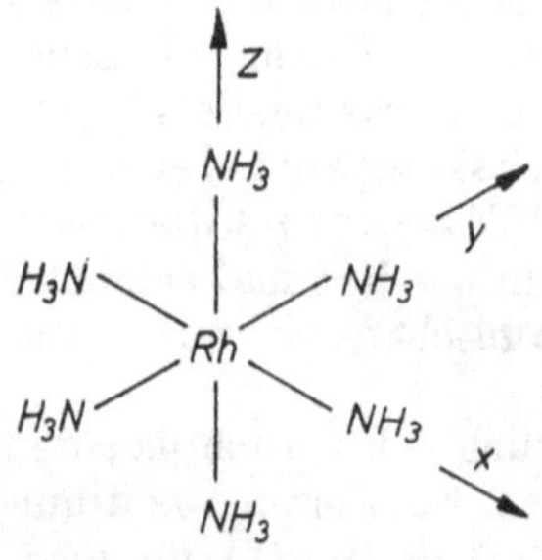

Abb. 3.1.

Erwartungsgemäß wird die Bildung von $[Rh(NH_3)_5(H_2O)]^{3+}$ und trans-$[Rh(NH_3)_4(H_2O)X]^{2+}$ beobachtet.

Die thermische Hydrolyse von $[Rh(NH_3)_5X]^{2+}$ führt ausschließlich zur Bildung von $[Rh(NH_3)_5(H_2O)]^{3+}$. Während die Photoreaktion des Chlorokomplexes im wesentlichen dem Verlauf der thermischen Reaktion entspricht, verläuft die Photoreaktion des

Bromokomplexes antithermisch, d. h. als Hauptprodukt wird bei der Reaktion des Komplexes im angeregten Ligandenfeldzustand ^3E der Komplex trans-$[Rh(NH_3)_4(H_2O)Br]^{2+}$ gebildet.

Der Befund, daß die Photolyse von $[Rh(NH_3)_5Cl]^{2+}$ hauptsächlich zu dem auch auf thermischem Wege entstehenden Produkt führt, hat die grundsätzliche Frage aufgeworfen, ob die Reaktion tatsächlich die eines elektronisch angeregten Zustandes ist oder ob nicht durch strahlungslose Desaktivierung ein reaktiver heißer Grundzustand gebildet wird (vgl. Abb. 3.2). Diese Frage ist auch

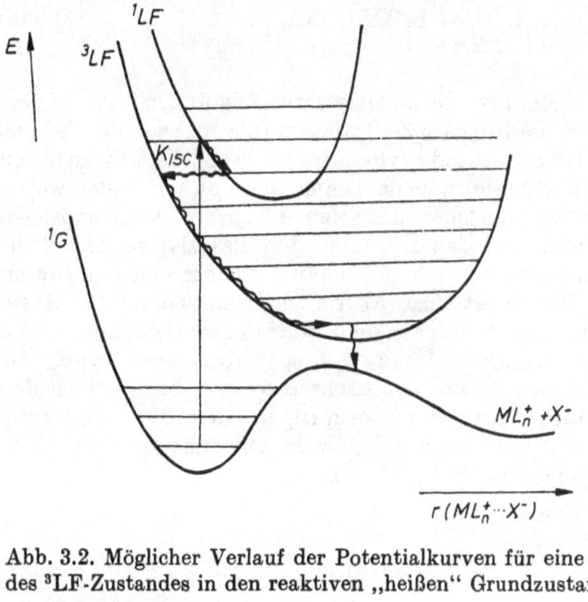

Abb. 3.2. Möglicher Verlauf der Potentialkurven für eine Desaktivierung des ³LF-Zustandes in den reaktiven „heißen" Grundzustand

für Substitutions- und Redoxreaktionen anderer Metallkomplexe relevant. Die Quantenausbeuten, die mittels kontinuierlicher direkter Bestrahlung oder durch Sensibilisierungsexperimente ermittelt werden, gestatten im allgemeinen keine Unterscheidung zwischen Reaktionen aus dem niedrigsten angeregten Zustand und dem heißen Grundzustand. Zeitaufgelöste Messungen der Phosphoreszenz an den Komplexen $[Rh(NH_3)_5X]^{2+}$ (X = Cl, Br) sowie deren deuterierten Analoga ergaben jedoch einen unmittelbaren Zusammenhang zwischen der Lebensdauer des ^3E-Zustandes und der Quantenausbeute [33], was als gewichtiges Argument für die Beteiligung des angeregten ^3E-Zustandes angesehen werden muß.

Bei der Photosubstitution nach dem assoziativen Mechanismus findet eine Wechselwirkung zwischen der elektronisch angeregten Koordinationsverbindung und dem eintretenden Liganden in Form eines siebenfach koordinierten Intermediats statt, aus dem dann durch Spaltung einer Bindung das Substitutionsprodukt entsteht.

$$^*L_5MX + Y \rightarrow L_5M\begin{matrix} \diagup X \\ \diagdown Y \end{matrix} \rightarrow L_5MY + X \qquad (45)$$

Elektronenübergänge, die zu angeregten Zuständen mit einer erhöhten positiven Ladung am Zentralatom führen, wie zum Beispiel LMCT- und CTTS-Zustände (vgl. Abschn. 3.2.), begünstigen den assoziativen Substitutionsmechanismus, da in diesen Fällen wegen der Vergrößerung der elektrostatischen Wechselwirkung zwischen dem Zentralatom und den Liganden der dissoziative Zerfall erschwert und andererseits der nucleophile Angriff eines eintretenden Liganden erleichtert wird. Aber auch Ligandenfeldübergänge, bei denen Elektronendichte aus dem Bereich zwischen den Achsen (d_{xy}, d_{xz}, d_{yz}) auf Orbitale ($d_{x^2-y^2}$, d_{z^2}) übertragen wird, die in die Richtung der Koordinatenachsen weisen, begünstigen den assoziativen Substitutionsmechanismus, da hier die Anlagerung eines zusätzlichen nucleophilen Liganden auf eine der acht Oktaederflächen erleichtert wird (vgl. Abb. 3.3).

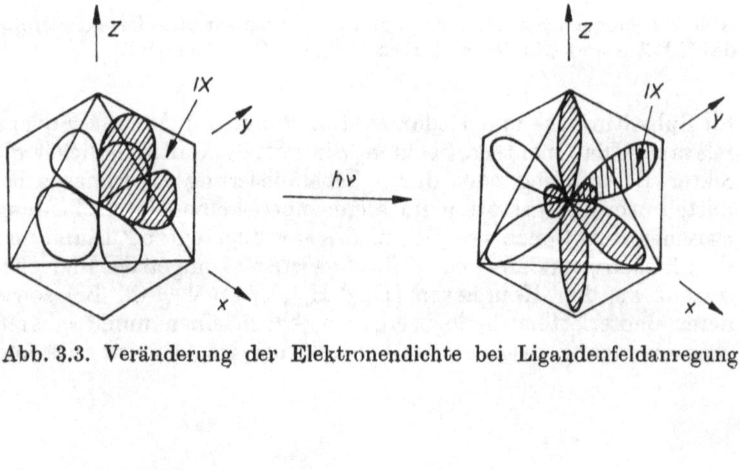

Abb. 3.3. Veränderung der Elektronendichte bei Ligandenfeldanregung

Der assoziative Mechanismus ist mit einer Volumenzunahme, der dissoziative Mechanismus dagegen mit einer Volumenabnahme verbunden. Die Bestimmung des Aktivierungsvolumens durch druckabhängige Messungen der Quantenausbeute oder der Lebensdauer angeregter Zustände sollte daher Aussagen über den Mechanismus der Photosubstitution gestatten [36]. So haben druckabhängige Messungen der Quantenausbeute für die Freisetzung von Ammoniak für $[Rh(NH_3)_5Cl]^{2+}$ ein Aktivierungsvolumen von $+9,3$ cm³ mol⁻¹, für $[Cr(NH_3)_6]^{3+}$ dagegen einen Wert von $-6,7$ cm³ mol⁻¹ ergeben. Da sich in beiden Fällen durch die Substitution des Amminliganden durch Wasser die Ladung des Komplexes nicht ändert und demzufolge auch keine größere Veränderung der Solvatation zu erwarten ist, sprechen die Ergebnisse für unterschiedliche Mechanismen: dissoziativ im Falle des Rhodiumkomplexes und assoziativ im Falle des Chromium-Komplexes. Wenn jedoch die Substitution mit einer Änderung der Ladung des Komplexes verbunden ist, bereitet die eindeutige Interpretation gemessener Aktivierungsvolumina auf Grund nicht genau erfaßbarer Solvatationseffekte gegenwärtig noch große Schwierigkeiten [36].

Der assoziative Substitutionsmechanismus spielt vermutlich auch bei der sogenannten Photoanation eine Rolle. Man versteht darunter die Substitution von koordinierenden Lösungsmittelionen durch andere, zumeist ionische Liganden. Ein Beispiel für eine Photoanation ist die Reaktion von $[Cr(H_2O)_6]^{3+}$ mit Rhodanidionen. Diese Reaktion, die bei Anregung der Ligandenfeldbanden abläuft, wird durch die Bildung von Ionenpaaren ermöglicht.

$$[Cr(H_2O)_6]^{3+} + NCS^- \rightleftharpoons [Cr(H_2O)_6]^{3+}, NCS^- \quad (46)$$

$$[Cr(H_2O)_6]^{3+}, NCS^- \xrightarrow{h\nu_{LF}} [Cr(H_2O)_5NCS]^{2+} + H_2O \quad (47)$$

Der ebenfalls denkbare Mechanismus, bei dem ein elektronisch angeregter Chromium(III)-Komplex mit freien Rhodanidionen reagiert, kann wegen der kurzen Lebensdauer des angeregten Ligandenfeldzustandes und des großen Überschusses an Lösungsmittelmolekülen ausgeschlossen werden.

Von diesen Beispielen abgesehen, spielt der assoziative Mechanismus der Photosubstitution im Falle angeregter Ligandenfeldzustände von Koordinationsverbindungen eine geringere Rolle als beispielsweise für MLCT-Zustände (vgl. Abschn. 3.2.2.).

Für die Photosubstitution durch Anregung von Ligandenfeldzuständen ist nicht nur die Tatsache bedeutsam, daß sie im Vergleich zu thermischen Reaktionen wesentlich schneller ablaufen, sondern daß sich sowohl die Art des labilisierten Liganden als auch die Stereochemie häufig von der thermischen Reaktion unterscheiden. Diese Beobachtung wurde schon sehr frühzeitig gemacht, und es verwundert daher nicht, daß zahlreiche Versuche unternommen wurden, die entstehenden Produkte anhand von empirischen Regeln unter Verwendung spektroskopischer Parameter zu erklären. Dieses Vorgehen erscheint insofern problematisch als die Gesamtenergie der Koordinationsverbindung nur zu einem Bruchteil von den *d*-Elektronen bestimmt wird und Effekte, die einen wesentlichen Einfluß auf die photochemische Reaktivität ausüben, wie der Einfluß der Geometrieänderung im angeregten Zustand auf die Solvatation und die strahlungslose Desaktivierung, dadurch von vornherein unberücksichtigt gelassen werden. Um so erstaunlicher ist es, daß derartige Modelle zumindest innerhalb einer bestimmten Verbindungsklasse zu bemerkenswert zuverlässigen Voraussagen über die Richtung der Photosubstitution geführt haben.

An erster Stelle sind hierbei die von ADAMSON bereits im Jahre 1967 aufgestellten Regeln für die Photosubstitution von Chromium(III)-Komplexen zu nennen [37].

Diese besagen, daß bei sechsfach koordinierten Chromium(III)-Komplexen diejenige Achse labilisiert wird, die die größte mittlere Ligandenfeldstärke[1]) aufweist, und dann, wenn sich auf dieser Achse zwei unterschiedliche Liganden befinden, der Ligand mit der größten Ligandenfeldstärke ausgetauscht wird.

Ein typisches Beispiel ist der Komplex $[Cr(NH_3)_5NCS]^{2+}$. Bei der thermischen Reaktion wird ausschließlich Thiocyanat freigesetzt, während die photochemische Reaktion aus dem ^4E-Zustand entsprechend den ADAMSON-Regeln hauptsächlich zum Austausch von Ammoniak führt. Dies gilt jedoch nicht für den niedrigsten angeregten Dublettzustand, bei dem analog der ther-

[1]) Die Ligandenfeldstärke kann mit Hilfe des empirischen Parameters $10Dq$ beschrieben werden, der die Aufspaltung im oktaedrischen Ligandenfeld charakterisiert. Unterschiedliche Liganden können in der sogenannten spektrochemischen Reihe in der Reihenfolge steigender Dq-Werte angeordnet werden:

$$I^- < Br^- < Cl^- \sim SCN^- \sim N_3^- < F^- < OH^- < C_2O_4^{2-} \sim H_2O$$

$$< NCS^- < NH_3 < NO_2^- < CN^-$$

mischen Reaktion vorzugsweise der Thiocyanatligand freigesetzt wird.

Die Gültigkeit der ADAMSON-Regeln konnte bisher an über 70 Beispielen nachgewiesen werden. Darüber hinaus wurde festgestellt, daß auch viele low-spin-d^6-Komplexe den ADAMSON-Regeln folgen, zumindest was ihren ersten Teil betrifft. Andererseits existieren auch einige wenige Fälle, in denen diese Regeln offensichtlich versagen, wie zum Beispiel bei den Komplexen trans-$[Cr(NH_3)_4F_2]^+$ und trans-$[Cr(en)_2F_2]^+$, bei denen entgegen diesen Regeln kein Fluorid labilisiert wird. In dem letzteren Fall führt die Photoreaktion zu einem Chromium(III)-Komplex mit einem einzähnig koordinierten 1,2-Diaminoethan-Liganden.

In vielen Photosubstitutionsreaktionen wird außerdem die Bildung mehrerer Produkte beobachtet, deren Verhältnis vielfach von der Wellenlänge des Anregungslichtes abhängt, was ebenfalls nicht mit Hilfe der ADAMSON-Regeln erklärbar ist.

Von VAN QUICKENBORNE und CEULEMANS [38] ist ein theoretisches Modell entwickelt worden, das ähnlich dem ADAMSON-Modell auf spektroskopischen Parametern beruht. Grundlage der Berechnungen sind die Parameter σ und π des sogenannten Angular-Overlap-Modells [39], die empirisch anhand der Absorptionsspektren der Koordinationsverbindungen gewonnen werden können. Mit Hilfe dieser Parameter können für die jeweiligen angeregten Zustände die Bindungsindices I^*(M-L) für die einzelnen Metall-Ligand-Bindungen berechnet werden. Derjenige Ligand, der im angeregten Zustand die schwächste Bindung (kleinster Wert für I*(M-L)) besitzt, wird labilisiert. Beim ADAMSON-Modell wird dagegen die Differenz der Bindungsstärke im Grund- und im angeregten Zustand betrachtet. Ein weiterer Unterschied besteht darin, daß nicht eine Achse, sondern jeweils eine Ebene labilisiert wird, was mit der Beobachtung korreliert, daß in der Regel mehr als ein Photoprodukt entsteht. Im Falle des oben erwähnten trans-$[Cr(NH_3)_4F_2]^+$ ergibt die Berechnung [40], daß in Übereinstimmung mit dem Experiment Ammoniak freigesetzt wird, während die ADAMSON-Regeln die Substitution des Fluoroliganden voraussagen.

Der Vorteil des VAN QUICKENBORNE-CEULEMANSschen Modells besteht nicht zuletzt darin, daß es nicht auf Komplexe mit der Elektronenkonfiguration d^3 beschränkt ist. So ergeben entsprechende Berechnungen für den niedrigsten angeregten Ligandenfeldzustand ^3E des $[Rh(NH_3)_5Cl]^{2+}$ folgende Bindungsindices: $I^*(Rh\text{-}NH_3^{eq}) = 19{,}9 \cdot 10^3\ cm^{-1}$, $I^*(Rh\text{-}NH_3^{ax}) = 11{,}4 \cdot 10^3\ cm^{-1}$

und I^*(Rh-Cl) = 11,0 · 10^3 cm^{-1}. Die auf Grund dieser Berechnungen zu erwartende Labilisierung der Rhodium-Chlorid-Bindung, aber auch der Bindung zwischen dem Rhodium und einem axialen Amminliganden stehen in Übereinstimmung mit den experimentellen Befunden.

Ein weiterer Vorteil des semiempirischen Modells von VAN QUICKENBORNE und CEULEMANS besteht in der Möglichkeit, die Stereochemie von Photosubstitutionsreaktionen vorauszusagen. Stereochemische Aspekte von Photosubstitutionsreaktionen traten bereits kurz nach der Formulierung der ADAMSON-Regeln in den Vordergrund des Interesses, was vor allem dem Umstand zuzuschreiben war, daß die Photosubstitution von Chromium(III)-Komplexen im Unterschied zu Rhodium(III)- und Cobalt(III)-Komplexen, bei denen Stereoretention beobachtet wurde, generell mit einer Stereomobilität verbunden war. So führt die Photosolvatation von Acidopentamminchromium(III)-Komplexen des Typs $[Cr(NH_3)_5X]^{2+}$ sowie von trans-Diacidotetramminchromium(III)-Komplexen, trans-$[Cr(NH_3)_4XY]^+$, in der Mehrzahl der Fälle nicht zu den Produkten, die man erwarten würde, wenn das Lösungsmittelmolekül an die Stelle des austretenden Ammin- bzw. Acidoliganden tritt. So liefern die genannten Chromium(III)-Komplexe in wäßriger Lösung jeweils den cis-Acidotetramminaquochromium(III)-Komplex. Diese Beobachtung hat KIRK zu der folgenden Regel verallgemeinert [40]: Der eintretende Ligand tritt stets in eine Position trans zum austretenden Liganden. Dieser als sogenannter Kantenverschiebungsmechanismus bezeichnete Reaktionsverlauf ist am Beispiel des Chloropentamminchromium(III)-Komplexes in Abb. 3.4 dargestellt.

Entsprechend den ADAMSON-Regeln wird der Amminligand① trans zum Chloroliganden labilisiert. Das in die Koordinations-

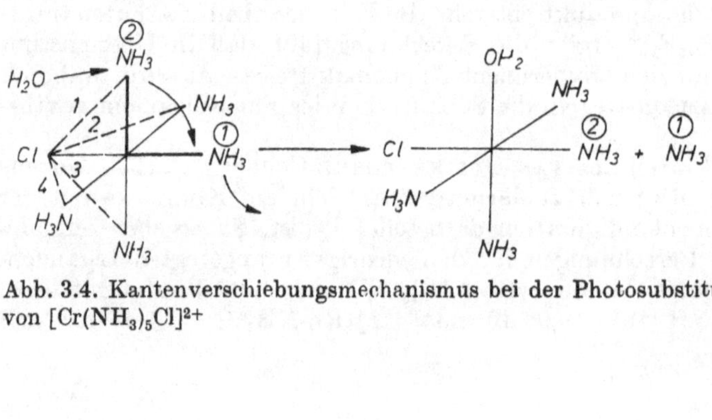

Abb. 3.4. Kantenverschiebungsmechanismus bei der Photosubstitution von $[Cr(NH_3)_5Cl]^{2+}$

sphäre eintretende Wassermolekül greift von der entgegengesetzten Seite an, wobei es belanglos ist, an welcher der Oktaederkanten 1—4 der Angriff erfolgt. Dieser Angriff hat eine Verschiebung des Amminliganden ② in der angegebenen Weise und den Eintritt des Wassermoleküls in cis-Stellung zum Chloroliganden zur Folge. Dieser Mechanismus geht von der Annahme eines assoziativen Substitutionsmechanismus aus, wofür es zumindest für einige Chromium(III)-Komplexe eine Reihe von Hinweisen aus anderen Experimenten gibt. Allerdings muß hervorgehoben werden, daß das KIRKsche Kantenverschiebungsmodell eine rein empirische Regel darstellt und keine eigentliche theoretische Fundierung besitzt. In einigen Fällen führt es auch zu unbefriedigenden Aussagen, so zum Beispiel im Falle des cis-$[Cr(NH_3)_4F_2]^+$, dessen Photosubstitution zu fac-$[Cr(NH_3)_3(H_2O)F_2]^+$ und mer-$[Cr(NH_3)_3(H_2O)F_2]^+$ im Verhältnis von etwa 1 : 1 führen sollte (vgl. Abb.

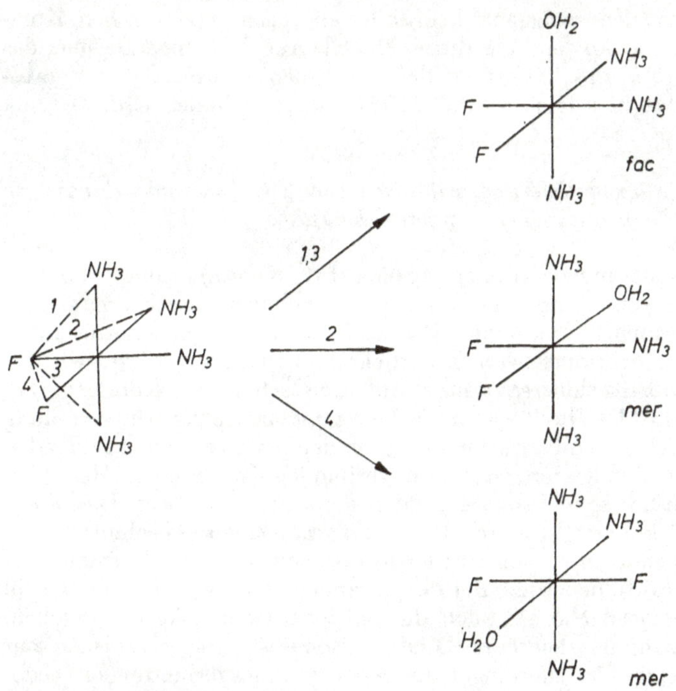

Abb. 3.5. Mögliche Reaktionswege bei der Photosubstitution von $[Cr(NH_3)_4F_2]^+$

3.5), während das Experiment das faciale Produkt nur als Nebenprodukt ausweist.

Eine befriedigende Erklärung für den Verlauf der Photoreaktion bietet auch hier das van Quickenborne-Ceulemanssche Modell, wenngleich es von einem grundsätzlich anderen Mechanismus, nämlich dem dissoziativen Substitutionsmechanismus ausgeht. Dabei wird etwa in der folgenden Weise an die Lösung des Problems herangegangen: Durch Labilisierung desjenigen Liganden, der im angeregten Zustand den kleinsten Bindungsindex aufweist (in diesem Fall NH_3 in axialer Position), entsteht ein quadratisch-pyramidaler Komplex im angeregten Zustand. Dieser lagert sich in eine trigonale Bipyramide um, wobei analog der Anwendung der Woodward-Hoffmann-Regeln [42] auf organische Verbindungen bestimmte Symmetriebedingungen der *d*-Orbitale eingehalten werden müssen. Dasselbe gilt auch für die Anlagerung des neu eintretenden Liganden und die Umlagerung in den sechsfach koordinierten quasi-oktaedrischen Komplex. Eine Anwendung dieses Modells auf das obige Beispiel des cis-$[Cr(NH_3)_4F_2]^+$ führt zu der experimentell bestätigten Voraussage, daß kein faciales $[Cr(NH_3)_3(H_2O)F_2]^+$ gebildet wird.

3.1.2. *Isomerisierungsreaktionen von Koordinationsverbindungen im angeregten Ligandenfeldzustand*

Isomerisierungsreaktionen spielen für Koordinationsverbindungen bei weitem nicht die Rolle, die ihnen in der Chemie organischer Verbindungen zukommt. Die Untersuchung von Photoisomerisierungsreaktionen von Koordinationsverbindungen ist, wie bei den Substitutionsreaktionen, auf kinetisch inerte Komplexe beschränkt. Da die Ligandenfeldanregung mit einer Umverteilung der Elektronendichte zwischen bindenden bzw. nichtbindenden und antibindenden Orbitalen verbunden ist, können Metall-Ligand-Bindungen labilisiert oder deformiert werden. Die Folge davon können, wie in den vorangegangenen Abschnitten beschrieben wurde, Substitutionsreaktionen, aber auch Isomerisierungsreaktionen sein. Bei der Ligandenfeldanregung sind sowohl die geometrische als auch die optische Isomerisierung möglich. Die ebenfalls denkbare Bindungsisomerisierung ist bisher nur für Charge-Transfer-angeregte Koordinationsverbindungen beobachtet worden (vgl. Abschn. 3.2.3.).

Es lassen sich grundsätzlich zwei Mechanismen unterscheiden, nämlich solche, bei denen in irgendeiner Phase der Reaktion Metall-Ligand-Bindungen gespalten werden (intermolekularer Isomerisierungsmechanismus), und solche, bei denen diese Bindungen während der gesamten Reaktion intakt bleiben (intramolekularer Mechanismus).

Der intermolekulare Mechanismus der Photoisomerisierung entspricht in seinem Wesen den Photosubstitutionsreaktionen. Auch die Isomerisierung kann entweder assoziativ (Vergrößerung der Koordinationszahl im Intermediat) oder dissoziativ (Verringerung der Koordinationszahl) verlaufen.

Ein instruktives Beispiel für eine intermolekular und dissoziativ verlaufende Photoisomerisierung ist die Reaktion des $[Rh(NH_3)_4(H_2O)Cl]^{2+}$, das bei Einstrahlung in die längstwellige Ligandenfeldbande sowohl einer cis-trans-Isomerisierung ($\Phi = 0{,}543$) als auch einer trans-cis-Isomerisierung ($\Phi = 0{,}074$) unterliegt [35, 43]. Der reaktive Zustand ist in beiden Fällen der Triplettzustand des niedrigsten Ligandenfeldzustandes. Unabhängig von der Ausgangsverbindung wird dabei nach langer Bestrahlungszeit ein photostationärer Zustand erreicht, bei dem sich das Verhältnis von cis- zu trans-Verbindung nicht ändert. Dieses Verhältnis ist durch die jeweiligen Quantenausbeuten und die entsprechenden Extinktionskoeffizienten bei der Bestrahlungswellenlänge gegeben:

$$\frac{c_{\text{cis}}}{c_{\text{trans}}} = \frac{\Phi_{\text{t}\to\text{c}}}{\Phi_{\text{c}\to\text{t}}} \frac{\varepsilon_{\text{trans}}}{\varepsilon_{\text{cis}}} \tag{48}$$

Entsprechend dem Modell von VAN QUICKENBORNE und CEULEMANS besteht der erste Schritt der Photoreaktion in der Dissoziation des Aqualiganden, wobei im Falle der cis-Verbindung eine basale quadratische Pyramide (Chloroligand in der Grundfläche der Pyramide) und im Falle der trans-Verbindung eine apicale quadratische Pyramide (Chloroligand an der Spitze der Pyramide) im elektronisch angeregten Zustand entstehen (vgl. Abb. 3.6). Die fünffach koordinierten Intermediate können entweder in den Grundzustand relaxieren und unter Erhalt der Ausgangsgeometrie ein Wassermolekül an die freie Koordinationsstelle anlagern oder sich über einen vermutlich trigonal-bipyramidalen Übergangszustand ineinander umwandeln.

Die Quantenausbeute für die Bildung des cis- bzw. trans-Produktes wird sowohl durch die relativen Energien der fünffach koordinierten Intermediate als auch die Geschwindigkeiten der strahlungslosen Desaktivierung bestimmt. Die gegenwärtigen

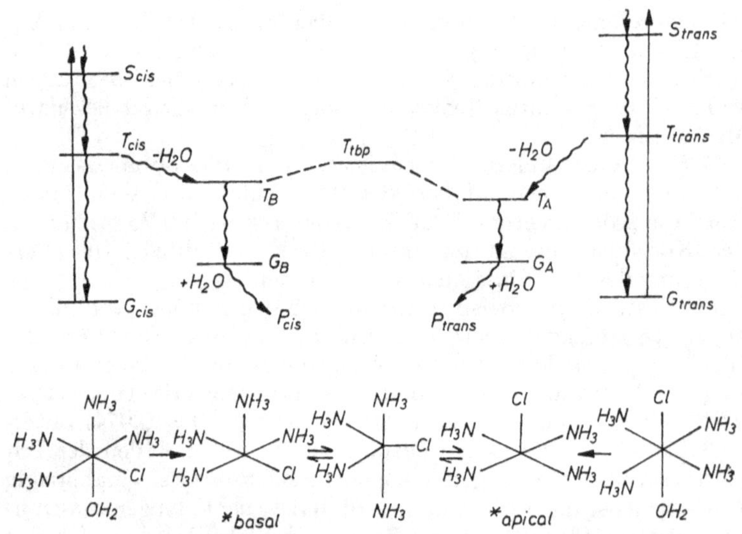

Abb. 3.6. Mechanismus der Photoisomerisierung von $[Rh(NH_3)_4(H_2O)Cl]^{2+}$

Schwierigkeiten, mit Hilfe von quantenchemischen Modellen quantitative Aussagen über Photoreaktionen zu gewinnen, sind im wesentlichen darauf zurückzuführen, daß die Geschwindigkeiten strahlungsloser Desaktivierungsprozesse für komplizierter gebaute Koordinationsverbindungen noch nicht mit ausreichender Genauigkeit berechnet werden können.

Der assoziative intermolekulare Mechanismus der Photoisomerisierung wurde bisher in erster Linie an planaren Platin(II)-Komplexen nachgewiesen [44]. So führt die Ligandenfeldanregung von cis-$[Pt(py)_2Cl_2]$ (py = Pyridin) in Gegenwart von Pyridin zum photoinaktiven trans-$[Pt(py)_2Cl_2]$ ($\Phi = 0{,}046$). Für diese Reaktion, die bei Abwesenheit eines koordinierenden Lösungsmittels nicht stattfindet, wird eine Isomerisierung über ein fünffach koordiniertes Intermediat angenommen (vgl. Schema 1). In ähnlicher Weise verläuft auch die thermische Isomerisierung des cis-$[Pt(gly)_2]$ (gly = Glycinat, $H_2NCH_2COO^-$) in Gegenwart von überschüssigem Glycin. Im Unterschied dazu erfordert die photochemische Isomerisierung von cis-$[Pt(gly)_2]$ nicht die Anwesenheit freier Liganden, sondern verläuft vermutlich nach einem intramolekularen Mechanismus. Der niedrigste angeregte Ligandenfeldzustand besitzt eine quasi-tetraedrische Struktur.

Schema 1

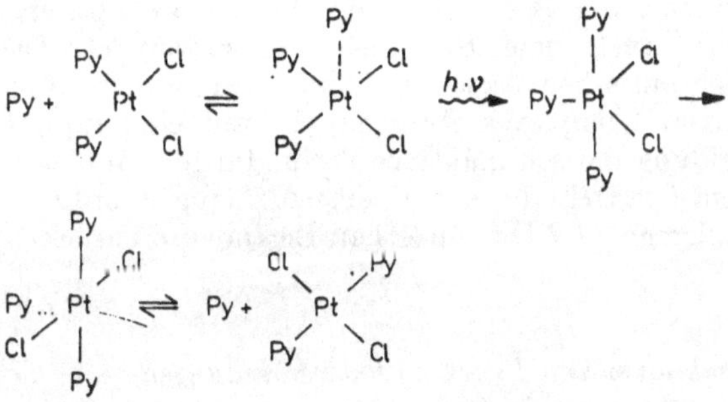

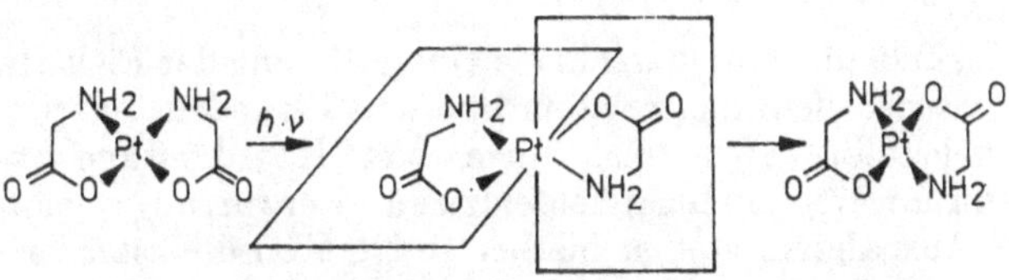

(49)

Bei der Relaxation in den Grundzustand entsteht der entsprechende trans-Komplex.

Die optische Photoisomerisierung ist bisher nur an wenigen Beispielen untersucht worden. Dazu gehören vor allem Chromium-(III)-Komplexe mit zweizähnigen Liganden, wie $[Cr(ox)_3]^{3-}$, $[Cr(en)_3]^{3+}$, $[Cr(acac)_3]$ sowie Gemischtligandkomplexe wie $[Cr(ox)_2phen]^-$ [45]. Unter dem Begriff der optischen Photoisomerisierung werden sowohl die photoinduzierte Racemisierung als auch die gezielte photochemische Umwandlung eines der beiden Enantiomeren eines racemischen Gemisches verstanden. Letzteres kann durch Bestrahlung mit zirkular polarisiertem Licht zumindest teilweise realisiert werden. Allerdings beträgt die relative Anreicherung eines der beiden Enantiomeren auf Grund des sich einstellenden photostationären Zustandes nur wenige Prozent. Die Isomerisierung führt auch hier über ein fünffach koordiniertes Intermediat (vgl. Abb. 3.7).

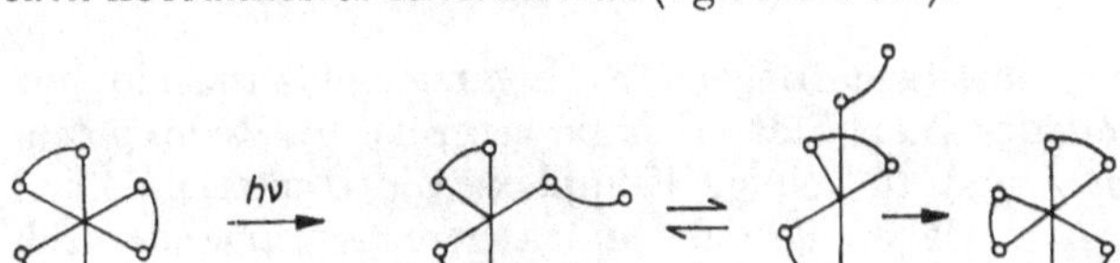

Abb. 3.7. Umlagerungen bei der Photoracemisierung

Erwähnt werden sollte jedoch an dieser Stelle, daß nicht in jedem Fall, wenn bei der Bestrahlung ein Verlust an optischer Aktivität eintritt, auch eine Racemisierung stattfindet. Das Verschwinden der optischen Aktivität kann auch, wie im Falle des optisch aktiven Komplexes Λ-$[Cr(en)_3]^{3+}$, auf eine Aquotisierung unter Bildung optisch inaktiver Verbindungen, in diesem Falle trans-$[Cr(en)_2(enH)H_2O]^{4+}$ mit einem einzähnig koordinierten monoprotonierten 1,2-Diaminoethan-Liganden, zurückzuführen sein.

3.1.3. Redoxreaktionen von Koordinationsverbindungen im angeregten Ligandenfeldzustand

Da bei der Ligandenfeldanregung keine Umverteilung der Elektronendichte zwischen dem Zentralatom und den Liganden auftritt, sind intramolekulare Redoxreaktionen von Koordinationsverbindungen im angeregten Ligandenfeldzustand erwartungsgemäß sehr selten. Ausnahmen stellen hierbei einige Koordinationsverbindungen höherwertiger Metallionen mit leicht oxidierbaren Liganden dar, wie zum Beispiel $[Mo(CN)_8]^{3-}$ und $[W(CN)_8]^{3-}$, die bei Anregung der Ligandenfeldbanden einer Photoreduktion zum Mo(IV)- bzw. W(IV)-Komplex unterliegen.

Tabelle 3

Redoxpotentiale einiger Koordinationsverbindungen im Grund- und angeregten Ligandenfeldzustand (in V)

Komplex	τ ms[a)]	$E(M/M^+)$	$E(M/M^-)$	$E(^*M/M^+)$	$E(^*M/M^-)$
$[Cr(bipy)_3]^{3+}$	0,073	− 1,5	− 0,26	+ 0,2	1,44
$[Cr(phen)_3]^{3+}$	0,33		− 0,28		1,42
$[Cr(5\text{-}Clphen)_3]^{3+}$	0,18		− 0,17		1,53
$[Cr(5\text{-}Brphen)_3]^{3+}$	0,18		− 0,15		1,55
$[Fe(bipy)_3]^{2+}$	$8 \cdot 10^{-7}$	− 1,05	− 1,26	− 0,1	− 0,4

a) ^2E-Zustand der Chromium(III)-Komplexe

Andererseits besitzen angeregte Ligandenfeldzustände ein um den Betrag der Thexi-State-Energie vergrößertes Redoxpotential. In Tab. 3 sind für einige Komplexe die Oxidations- und Reduktionspotentiale im Grund- und angeregten Ligandenfeldzustand angegeben. Demzufolge sind Chromium(III)-Komplexe mit 1,2-Diiminliganden im Unterschied zum elektronischen Grundzustand gute Oxidationsmittel im angeregten ^2E-Ligandenfeldzustand, während $[Fe(bipy)_3]^{2+}$ im angeregten Zustand auf Grund der geringeren Thexi-State-Energie eine bedeutend kleinere Veränderung des Redoxpotentials im Vergleich zum Grundzustand erfährt.

Von wesentlicher Bedeutung sind jedoch nicht nur die Redoxpotentiale, sondern, da eine mögliche Reaktion bimolekularen Charakter besitzt, auch die Lebensdauer der angeregten Zustande. Im Falle der Chromium(III)-Komplexe sind diese so groß, daß man derartige Komplexe für die Sonnenenergieumwandlung in Erwägung gezogen hat [23, 46] (vgl. 6.3.). $[Fe(bipy)_3]^{2+}$ und analoge Eisen(II)-Komplexe besitzen dagegen trotz der intensiven Lichtabsorption durch die LMCT-Banden im sichtbaren Spektralbereich nur eine geringe praktische Bedeutung, da die extrem kurze Lebensdauer bimolekularer Reaktionen weitestgehend verhindert. Das schließt jedoch nicht aus, daß in anderen Medien als verdünnten wäßrigen Lösungen nicht Bedingungen geschaffen werden können, unter denen diese Komplexe im angeregten Ligandenfeldzustand Redoxreaktionen eingehen können. Ein interessantes Beispiel ist hierfür die Photolyse von Eisen(II)-Komplexen mit verschiedenen 1,2-Diiminliganden im eutektischen Gemisch von wasserfreiem Aluminiumchlorid und N-Ethylpyridiniumchlorid, die zur Bildung der entsprechenden Eisen(III)-Komplexe und zur Reduktion des Pyridiniumsalzes führt [47].

Auch die Bildung von Ionenpaaren kann unter Umständen geeignet sein, Bedingungen für die Möglichkeit von Redoxreaktionen von Metallkomplexen in angeregten Ligandenfeldzuständen zu schaffen, wie zum Beispiel im Falle der Reaktion von cis-$[Co(en)_2Cl_2]^+$ mit $[Fe(CN)_6]^{4-}$, bei der die Ligandenfeldanregung des Cobalt(III)-Komplexes zur Elektronenübertragung zwischen dem Eisen(II)- und dem Cobalt(III)-Komplex führt.

$$\text{cis-}[Co(en)_2Cl_2]^+, [Fe(CN)_6]^{4-} \xrightarrow[H_2O/H^+]{h\nu_{LF(Co^{III})}} Co^{2+}_{aq} + [Fe(CN)_6]^{3-} + 2\,enH^+ + 2\,Cl^- \qquad (50)$$

3.2. *Photoreaktionen von Koordinationsverbindungen in angeregten Charge-Transfer-Zuständen*

Die Charge-Transfer-Anregung ist mit der Verschiebung von Elektronendichte aus vorwiegend an den Liganden lokalisierten Orbitalen in unbesetzte *d*-Orbitale des Zentralmetalls (LMCT) bzw. von besetzten *d*-Orbitalen des Metalls in unbesetzte Orbitale des Liganden (MLCT) oder des Lösungsmittels (CTTS) verbunden.

Darüber hinaus sind Charge-Transfer-Übergänge zwischen einem Metallkomplex und geeigneten Gegenionen innerhalb eines Ionenpaares (IPCT) sowie zwischen zwei durch entweder elektrostatische oder durch einen gemeinsamen Brückenliganden miteinander verbundenen Metallzentren (IT) möglich.

In allen Fällen ist der jeweilige angeregte Charge-Transfer-Zustand durch eine gegenüber dem Grundzustand veränderte Elektronendichte am Metall sowie an den Liganden gekennzeichnet. Es ist daher nicht überraschend, daß intramolekulare Redoxprozesse bei Charge-Transfer-Anregung dominieren. Darüber hinaus werden auch Substitutions- und Isomerisierungsreaktionen beobachtet. Von besonderer praktischer Bedeutung sind die photoinduzierten Redoxreaktionen von Koordinationsverbindungen, da auf diese Weise aus kinetisch inerten und katalytisch inaktiven Koordinationsverbindungen kinetisch labile Spezies mit interessanten katalytischen Eigenschaften erzeugt werden können. Diese Art der Aktivierung katalytischer Eigenschaften von Verbindungen durch Elektronentransfer ist von übergreifender Bedeutung in der Chemie und spielt nicht nur in der Koordinationschemie eine wichtige Rolle [48, 49].

Welche der genannten chemischen Prozesse bei der Anregung der Koordinationsverbindung in den Charge-Transfer-Zustand ablaufen, hängt von solchen Faktoren, wie Art und energetische Lage des Charge-Transfer-Zustandes, der Wechselwirkung mit anderen angeregten Zuständen, der Art des Zentralmetalls, der Komplexgeometrie, der Anzahl der *d*-Elektronen usw., ab.

Wie im vorangegangenen Abschnitt sollen auch hier nur einzelne typische Vertreter von Koordinationsverbindungen exemplarisch behandelt werden, um das Wesen und die chemischen Eigenschaften angeregter Charge-Transfer-Zustände zu illustrieren.

3.2.1. Reaktionen von Koordinationsverbindungen im angeregten LMCT-Zustand

LMCT-Zustände zeichnen sich durch eine im Vergleich zum Grundzustand erhöhte Elektronendichte am Zentralmetall und eine Verringerung der Elektronendichte am Liganden aus. Der LMCT-Zustand entspricht damit formal einem Komplex, bei dem das Zentralatom reduziert und der Ligand oxidiert ist (51).

$$L_nM\text{-}X \xrightarrow{h\nu_{LMCT}} L_nM^{(-)}X^{(+)} \qquad (51)$$

Zu den wohl bekanntesten Verbindungen mit reaktiven LMCT-Zuständen gehören zweifellos die Oxalatokomplexe vom Typ $[M(ox)_3]^{3-}$ (M = Fe, Co, Mn), unter denen der Eisen(III)-Komplex auf Grund seiner Eignung als Aktinometersubstanz [85] eine herausragende Stellung einnimmt. Es ist jedoch bemerkenswert, daß trotz der breiten Anwendung dieser Verbindung die Photochemie noch nicht in allen Einzelheiten aufgeklärt ist. Dabei ist vor allem die Tatsache interessant, daß Redoxreaktionen auch bei Einstrahlung in die langwelligen Ligandenfeldbanden beobachtet werden. Inwieweit es sich dabei tatsächlich um Reaktionen angeregter Ligandenfeldzustände oder um eine Desaktivierung in CT-Zustände höherer Multiplizität handelt, ist zur Zeit noch nicht befriedigend geklärt [12].

Im Unterschied zu thermischen Reaktionen, bei denen auch die Übertragung von mehr als einem Elektron in einem Elementarschritt möglich ist, sind photoinduzierte Redoxreaktionen fast ausnahmslos mit der Übertragung von nur einem Elektron verbunden. Zu den wenigen bekannt gewordenen Beispielen, bei denen die LMCT-Anregung vermutlich zu einem Zweielektronenredoxprozeß führt, gehört das cis-$[Pt(PPh_3)_2(N_3)_2]$, bei dem VOGLER und Mitarb. [50] blitzlichtspektroskopisch ein dem Hexazin zugeordnetes Intermediat nachweisen konnten (52).

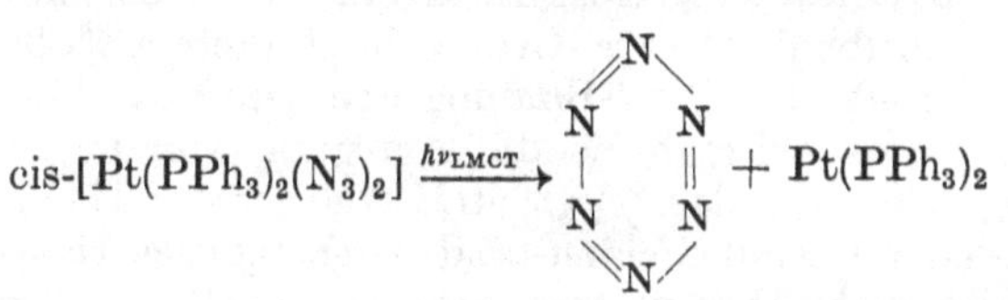

(52)

Das Entstehen von LMCT-Absorptionen sei für oktaedrische Koordinationsverbindungen anhand des vereinfachten MO-Schemas in Abb. 3.8 dargestellt.

Die Lage der LMCT-Banden kann anhand der von JØRGENSEN aufgestellten optischen Elektronegativitäten (χ_L, χ_M), der Liganfeldaufspaltung $10Dq$ sowie unter Berücksichtigung der Spinpaarungsenergien (SP_A, SP_G) im angeregten und Grundzustand und des RACAH-Parameters B mittels Gl. (53) abgeschätzt werden.

$$\bar{\nu}(LMCT) = 30(\chi_L - \chi_M) + 10Dq + (SP_A - SP_G) + aB \qquad (53)$$

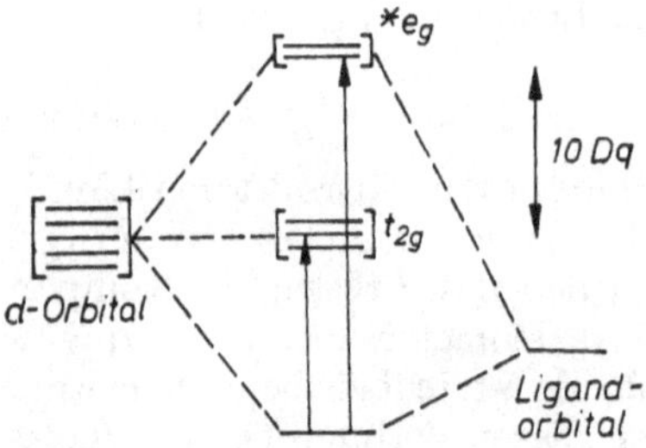

Abb. 3.8. Mögliche LMCT-Übergänge in Koordinationsverbindungen

Langwellige LMCT-Absorptionen sind vor allem dann zu erwarten, wenn die Energie der *d*-Elektronen niedrig ist, d. h. das Metallion in einer hohen positiven Oxidationsstufe vorliegt, und die Energie der obersten besetzten Ligandorbitale hoch ist. Abbildung 3.8 ist weiterhin zu entnehmen, daß die Energie des LMCT-Übergangs davon abhängt, ob eine Anregung in die nichtbindenden t_{2g}-Orbitale oder in die antibindenden $^*e_g$-Orbitale erfolgt. (Im ersteren Fall wäre in Gl. (53) der Term $10Dq$ zu streichen.) Für den LMCT-Übergang, der zur Besetzung der antibindenden $^*e_g$-Orbitale führt, gilt auch, daß er stets eine höhere Energie als der Ligandenfeldübergang aufweist. Allerdings muß das nicht bedeuten, daß sich die energetische Reihenfolge der Thexi-States in der gleichen Weise verhält. Zu bedenken ist hierbei, daß die LMCT-Anregung eines Elektrons von einem bindenden MO in ein antibindendes $^*e_g$-Orbital in stärkerem Maße zur Labilisierung der Metall-Ligand-Bindung und damit zur Verzerrung des Komplexes beiträgt als die Anregung von einem nichtbindenden t_{2g}-Orbital in das $^*e_g$-Orbital. Welcher der Thexi-States — LMCT- oder Ligandenfeldzustand — energetisch tiefer liegt, läßt sich daher nicht ohne weiteres voraussagen. Ein großer Teil der Schwierigkeiten bei der Interpretation experimenteller Daten der Photochemie von Koordinationsverbindungen ist nicht zuletzt auf die ungenügende Kenntnis der Energien der einzelnen Thexi-States zurückzuführen.

Die LMCT-Anregungen in die verschiedenen *d*-Niveaus unterscheiden sich nicht nur bezüglich der Anregungsenergien, sondern auch bezüglich der Reaktivität der dadurch entstehenden LMCT-Zustände. Dies wird besonders deutlich, wenn man das Verhalten der Acidopentammincobalt(III)-Komplexe, $[Co(NH_3)_5X]^{2+}$, mit den analogen Ruthenium(III)-Komplexen vergleicht.

Die Einstrahlung in die im UV befindlichen LMCT-Banden der Cobalt(III)-Komplexe führt sowohl zur Bildung von Cobalt(II) als auch zu Substitutionsprodukten, wobei die Quantenausbeuten in starkem Maße von der Art des Acidoliganden abhängen [51, 52]. Die Einstrahlung in die im sichtbaren Spektralbereich liegenden LMCT-Banden der analogen Ruthenium(III)-Komplexe führt dagegen nicht zu Reduktion des Rutheniums, obwohl Ruthenium(III)-Komplexe thermisch verhältnismäßig leicht reduziert werden können.

Das unterschiedliche photochemische Verhalten hängt offensichtlich mit dem verschiedenartigen Charakter der angeregten LMCT-Zustände zusammen.

Im Falle des low-spin-Komplexes des Cobalt(III) mit der Elektronenkonfiguration d^6 sind die nichtbindenden d-Orbitale vollständig besetzt, so daß bei der LMCT-Anregung eine Besetzung der antibindenden d-Orbitale erfolgen muß. Auf Grund des antibindenden Charakters und der zu erwartenden JAHN-TELLER-Verzerrung ist die Besetzung dieser Orbitale mit einer Labilisierung der Co—X-Bindung verbunden, die schließlich zur Bildung von Cobalt(II) und einem Radikal ·X führt. Im Falle des Rutheniums mit d^5-Elektronenkonfiguration erfolgt bei der LMCT-Anregung dagegen eine Besetzung der nichtbindenden d-Orbitale (vgl. Abb. 3.9). Die geometrische Verzerrung für diesen LMCT-Zustand sollte deshalb bedeutend geringer sein, so daß hier eine geringere Photoreaktivität zu erwarten ist.

Anders sollten sich dagegen die LMCT-Zustände des Ruthe-

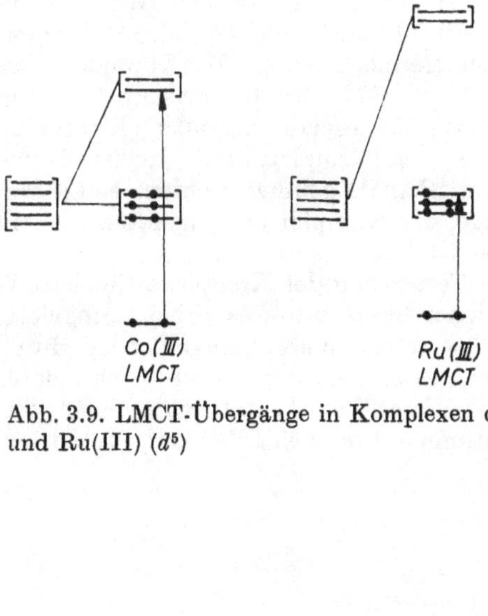

Abb. 3.9. LMCT-Übergänge in Komplexen des Co(III) (d^6) und Ru(III) (d^5)

nium(III) verhalten, die durch Anregung der Elektronen in die antibindenden *d*-Orbitale erhalten werden. Auf Grund der großen Ligandenfeldaufspaltung bei Komplexen der 4*d*- und 5*d*-Metalle sind diese Übergänge jedoch erst in dem bisher wenig untersuchten Bereich der Wellenlängen unterhalb von 200 nm zu erwarten.

Auch bei Chromium(III)-Komplexen ist eine Anregung von bindenden Elektronen aus Ligandorbitalen in nichtbindende *d*-Orbitale möglich, wobei jedoch aus denselben Gründen wie beim Ruthenium(III) keine Photoreaktionen beobachtet werden. Untersuchungen zum Verhalten der energetisch höherliegenden LMCT-Zustände stehen allerdings noch aus.

In jedem Fall bleibt aber stets die Frage offen, inwieweit energetisch höherliegende Charge-Transfer-Zustände in tieferliegende Zustände (Ligandenfeld- oder LMCT-Zustände) desaktivieren.

Ein charakteristisches Merkmal photochemisch aktiver LMCT-Zustände, vor allem des Cobalt(III), ist die Tatsache, daß Redox- und Substitutionsreaktionen stets nebeneinander auftreten. Diese Erscheinung kann nicht einfach auf eine partielle Desaktivierung der LMCT-Zustände in tieferliegende angeregte Ligandenfeldzustände erklärt werden, da die Quantenausbeute der Photosubstitution bei LMCT-Anregung häufig wesentlich höher ist als bei der direkten Anregung der Ligandenfeldzustände.

Eine zumindest qualitativ befriedigende Erklärung für das Verhalten von LMCT-Zuständen liefert das von ENDICOTT, ADAMSON, BALZANI und CARASSITI entwickelte Radikalpaarmodell [52].

Dieses Modell geht von der Annahme aus, daß bei der LMCT-Anregung antibindende *d*-Orbitale besetzt werden. Der so gebildete ^{1}LMCT-Zustand unterliegt einer starken JAHN-TELLER-Verzerrung, wobei sich ein Radikalpaar $^1[L_nM^{\cdot},{}^{\cdot}X]$ bildet. Darüber hinaus besteht die Möglichkeit des Intersystem Crossing, der Relaxation in energetisch tiefliegende Ligandenfeldzustände oder der Desaktivierung in den Grundzustand. Inwieweit die verschiedenen Desaktivierungskanäle genutzt werden, hängt von der Bestrahlungswellenlänge, der Komplexzusammensetzung und nicht zuletzt vom Lösungsmittel ab.

Das durch geometrische Verzerrung des Komplexes im LMCT-Zustand gebildete Radikalpaar kann, wenn es sich im Singulettzustand befindet, entweder sofort rekombinieren oder durch Diffusion getrennt werden, wobei ein sogenanntes sekundäres Radikalpaar entsteht. Für dieses besteht innerhalb einer Zeit von etwa 10^{-9} s eine bestimmte Wahrscheinlichkeit für ein erneutes Zusammentreffen der beiden Partner des Radikalpaares. Neben der Rekombination kann das Radikalpaar jedoch auch mit dem Lösungsmittel reagieren. Inwieweit und bis zu welchem Grade eine Reaktion mit dem Lösungsmittel eintritt, hängt von der Rekombinationsgeschwindigkeit des Radikalpaares ab. Diese ist für Radikalpaare im Singulettzustand sehr groß, während ein Triplett-Radikalpaar erst nach Spinumkehr rekombinieren und somit zu effizienten Redox- bzw. Substitutionsreaktionen führen kann. So reagiert der ^{3}LMCT-Zustand von Acidopentammincobalt(III)-Komplexen in wäßriger Lösung unter Bildung von Co^{2+}_{aq} und oxidiertem Acidoligand (54).

$$^*[Co(NH_3)_5X]^{2+}\ (^3LMCT) \rightarrow {}^3[(NH_3)_5Co^{II}, \cdot X] \rightarrow Co^{2+}_{aq} + 5\,NH_3 + \cdot X \qquad (54)$$

Da die Rekombination des Triplett-Radikalpaares gehemmt ist, besteht die Möglichkeit eines Austausches der fünf Amminliganden durch Wassermoleküle. Das dabei entstehende Co^{2+}_{aq} ist thermodynamisch stabil und kann durch das gleichzeitig gebildete Radikal X nicht wieder reoxidiert werden.

Ein etwas anderes Verhalten zeigen die entsprechenden Rhodium(III)-Komplexe. Zwar wird auch hier zunächst das Triplett-Radikalpaar gebildet, doch sind Rhodium(II)-Komplexe als Komplexe von 4*d*-Metallen kinetisch inerter als die entsprechenden Cobalt(II)-Komplexe. Das hat zur Folge, daß nicht alle fünf Amminliganden, sondern nur der auf der labilisierten Achse befindliche Ligand gegen Wasser ausgetauscht wird. Durch Rekombination des $[Rh(NH_3)_4(H_2O)]^{2+}$-Fragmentes mit dem Acidoradikal entsteht dabei der Komplex trans-$[Rh(NH_3)_4(H_2O)]^{2+}$ (55).

$$^3[Rh(NH_3)_5, \cdot X] \xrightarrow[-NH_3]{H_2O} [Rh(NH_3)_4(H_2O)]^{2+} + \cdot X \rightarrow \text{trans-}[Rh(NH_3)_4(H_2O)X]^{2+} \qquad (55)$$

Im Falle des $[Rh(NH_3)_5I]^{2+}$ ist auf Grund der großen Spin-Bahn-Kopplung und der damit verbundenen Lockerung des Spinverbotes die Rekombination so effizient, daß bei der LMCT-Anregung keine Redoxreaktion mehr auftritt.

Auch Acidopentammincobalt(III)-Komplexe bilden neben Co^{2+}_{aq} Substitutionsprodukte, doch entstehen hier Komplexe des Typs $[Co(NH_3)_5(H_2O)]^{3+}$. Es wurden verschiedene Hypothesen für die Erklärung des andersgearteten Verhaltens des Cobalts diskutiert. Eine geht davon aus, daß in Wirklichkeit nicht der LMCT-Zustand, sondern ein angeregter Ligandenfeldzustand Ausgangspunkt der Photoreaktion ist. Andere Hypothesen sehen in dem ^5A- bzw. ^5E-Ligandenfeldzustand den eigentlichen reaktiven Zustand. Schließlich wird auch die Möglichkeit diskutiert, daß der Primärschritt die Bildung des aus $[Co(NH_3)_5]^{2+}$ und dem Acidoradikal bestehenden Radikalpaares ist, und der Komplex $[Co(NH_3)_5]^{2+}$ nach Anlagerung eines Wassermoleküls durch das Acidoradikal zum Cobalt(III)-Komplex reoxidiert wird:

$$[(NH_3)_5Co^{II}, \cdot X] \xrightarrow{H_2O} [Co(NH_3)_5(H_2O)]^{2+} + \cdot X \rightarrow [Co(NH_3)_5(H_2O)]^{3+} + X^- \quad (56)$$

Andererseits existieren auch Cobalt(III)-Komplexe, die sich bei LMCT-Anregung völlig analog den Rhodiumkomplexen verhalten, wie zum Beispiel der Komplex $[Co(NH_3)_5N_3]^{2+}$, der im gesamten Bereich der LMCT-Bande neben der Reduktion einer Substitution unter Bildung des Komplexes $[Co(NH_3)_4(H_2O)N_3]^{2+}$ unterliegt.

Mit Hilfe des Radikalpaarmodells können auch die an einigen Cobalt(III)-Komplexen beobachteten lichtinduzierten Bindungsisomerisierungen koordinierter Liganden erklärt werden. So führt die LMCT-Anregung von $[Co(NH_3)_5NO_2]^{2+}$ zur Bildung des entsprechenden Nitritokomplexes.

$$[(NH_3)_5CoNO_2]^{2+} \xrightarrow{h\nu_{LMCT}} [(NH_3)_5Co^{II}, \cdot NO_2] \rightarrow [Co(NH_3)_5NO_2]^{2+} \quad (57a)$$

$$[(NH_3)_5Co^{II}, \cdot NO_2] \rightarrow [Co(NH_3)_5ONO]^{2+} \quad (57b)$$

Ähnliche Reaktionen wurden auch an Thiocyanato-, Sulfinato- und Formato-Cobalt(III)-Komplexen beobachtet. In jedem Falle erfolgt dabei durch LMCT-Anregung eine homolytische Spaltung der Bindung zwischen dem Cobalt und dem ambidenten Acidoliganden. Für die Rekombination bestehen dann jeweils zwei Möglichkeiten, die zu den entsprechenden Bindungsisomeren führen.

Die Reaktion des Formatopentammincobalt(III)-Komplexes ist insofern interessant, als hier neben der Bindungsisomerisierung auch eine Wanderung des Wasserstoffs (Tautomerie) stattfindet:

$$[(NH_3)_5CoOCHO]^{2+} \xrightarrow{h\nu_{LMCT}} [(NH_3)_5CoCOOH]^{2+} \quad (58)$$

Bemerkenswert sind auch die von Poznyak untersuchten Glycinatocobalt(III)-Gemischtligandkomplexe. Die LMCT-Anregung führt hier zur Bildung eines Cobaltkomplexes mit einer Metall-Kohlenstoff-Bindung [53, 54] (59).

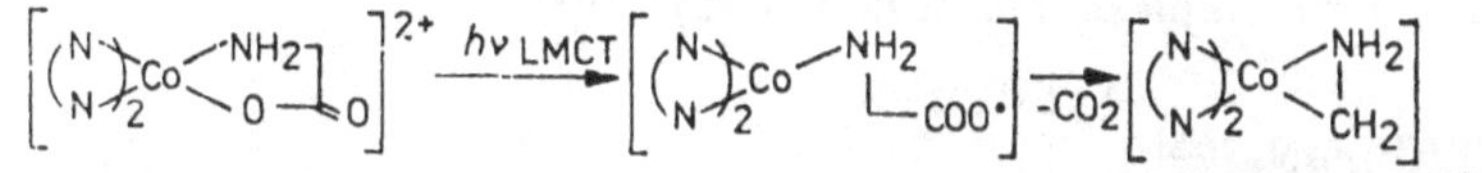

(59)

Der Primärschritt ist hierbei offensichtlich die Übertragung eines Elektrons von der Carboxylatgruppe auf das Zentralmetall, wobei intermediär ein Cobalt(II)-Komplex mit einem koordinierten Radikal entsteht. Nach der Decarboxylierung erfolgt durch Bildung des Dreiringchelats die formale Reoxidation des Cobalts. Von besonderer Bedeutung ist, daß dieses auf thermisch-präparativem Wege nicht zugängliche Chelat ausreichend stabil für eine Isolierung in Substanz ist.

Den Einfluß des Zentralmetalls auf den Verlauf der Photoreaktion machen die Komplexe $[M(NH_3)_5N_3]^{2+}$ (M = Co, Rh, Ir) deutlich. Wie bereits beschrieben, unterliegt der Cobaltkomplex bei LMCT-Anregung im Primärschritt einer Spaltung der $Co-N_3$-Bindung, die entweder zur Reduktion des Cobalt(III) oder zur Aquotisierung eines Amminliganden in trans-Stellung zum Azidoliganden führen kann. Im Unterschied zum Cobalt(III) wird bei den Azidokomplexen der schwereren Elemente Rhodium und Iridium die N—N-Bindung des koordinierten Azidions gespalten, wobei es zur Bildung von molekularem Stickstoff und einem Nitrenkomplex kommt (60).

$$[(NH_3)_5M-N_3]^{2+} \xrightarrow{h\nu_{LMCT}} [(NH_3)_5M-N]^{2+} + N_2 \xrightarrow{+H^+} [(NH_3)_5M-NH]^{4+} \quad (60)$$

(M = Rh, Ir)

Ursache für das abweichende Verhalten der Azidokomplexe der schwereren Elemente ist neben der schlechteren Reduzierbarkeit vermutlich die Fähigkeit der schwereren Elemente zur Stabilisierung der Nitrenstufe durch Ausbildung von $d_\pi-p_\pi$-Bindungen. In diesem Zusammenhang ist es interessant, daß die photochemische Bildung von Nitrenen aus Azidokomplexen der $3d$-Metalle dann begünstigt wird, wenn der Ligand über ein ausgedehntes π-System verfügt und dadurch über entsprechende π-Wechselwirkungen zur Stabilisierung der Nitrenstufe beitragen kann. Beispiele hierfür sind vor allem Metalloporphyrine, wie $(TPP)FeN_3$ und $(TPP)CrN_3$ (H_2TPP = 5,10,15,20-Tetraphenylporphyrin, vgl. Formelbild). Der im Falle des Chromiums entstehende Nitrenkomplex ist stabil und kann isoliert werden, wohingegen sich der Eisenkomplex durch Bildung eines Nitrido-verbrückten Zweikernkomplexes stabilisiert (60b).

$$(TPP)FeN_3 \xrightarrow{h\nu} (TPP)Fe^{II} + {\cdot}N_3 \qquad (60a)$$

$$(TPP)FeN_3 \xrightarrow{h\nu} (TPP)FeN + N_2 \xrightarrow{(TPP)Fe^{II}} (TPP)Fe{=}N{-}Fe(TPP) \qquad (60b)$$

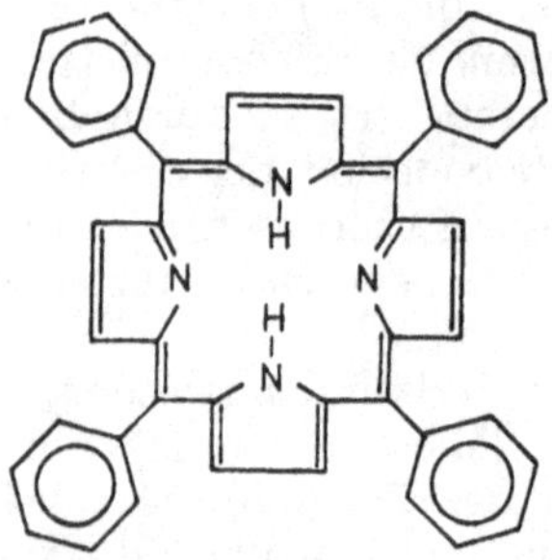

H_2TPP

Durch LMCT-Anregung können auch Ligandenaustauschreaktionen als Ergebnis von Photoredoxreaktionen beobachtet werden. Ein sehr intensiv untersuchtes Beispiel ist der Austausch von Chloroliganden im $[Pt^{IV}Cl_6]^{2-}$ gegen markiertes Chlorid (61).

$$[PtCl_6]^{2-} + {}^*Cl^- \rightleftharpoons [Pt^*ClCl_5]^{2-} + Cl^- \qquad (61)$$

Diese thermisch sehr langsam verlaufende Reaktion kann durch Bestrahlung beschleunigt werden, wobei Quantenausbeuten von etwa 1300 ermittelt werden.

Primärschritt der Reaktion ist die photochemische Erzeugung eines kinetisch labilen Platin(III)-Komplexes (d^7) durch Oxidation eines Chloroliganden bei LMCT-Anregung. Der gebildete Platin(III)-Komplex tauscht leicht einen Chloroliganden gegen markiertes Chlorid aus und fungiert als Träger einer Kettenreaktion, indem er mit einem Platin(IV)-Komplex eine Inner-sphere-Redoxreaktion eingeht:

$$[Pt^{IV}Cl_6]^{2-} \xrightarrow{h\nu_{LMCT}} [Pt^{III}Cl_5]^{2-} + {\cdot}Cl \qquad (62)$$

$$[Pt^{III}Cl_5]^{2-} + {}^*Cl^- \rightleftharpoons [Pt^{III}Cl_4{}^*Cl]^{2-} + Cl^- \qquad (63)$$

$$[Pt^{III}Cl_4{}^*Cl]^{2-} + [Pt^{IV}Cl_6]^{2-} \rightarrow [Pt^{IV}Cl_5{}^*Cl]^{2-} + [Pt^{III}Cl_5]^{2-} \qquad (64)$$

Ein Nebenprodukt der Reaktion ist $[PtCl_5(H_2O)]^-$, das nach Gl. (65) gebildet wird.

$$[PtCl_6]^{2-} \xrightarrow{h\nu_{LMCT}} [PtCl_5]^{2-} + {}^{\cdot}Cl \xrightarrow{H_2O} [PtCl_5(H_2O)]^{2-}$$

$$\xrightarrow{Cl^{\cdot}} [PtCl_5(H_2O)]^- + Cl^- \qquad (65)$$

Koordinationsverbindungen im LMCT-Zustand können auch Reaktionen mit dem Lösungsmittel eingehen, wie im Falle des Octacyanomolybdats(IV), wo in alkoholischer bzw. wäßriger Lösung Alkoxy- bzw. Hydroxylradikale entstehen (66).

$$[Mo(CN)_8]^{3-} + ROH \xrightarrow{h\nu_{LMCT}} [Mo(CN)_8]^{4-} + {}^{\cdot}OR + H^+ \qquad (66)$$

(R = Alkyl, H)

Bimolekulare Redoxreaktionen von LMCT-angeregten Koordinationsverbindungen mit anderen Partnern als dem Lösungsmittel sind dagegen auf Grund der kurzen Lebensdauer von LMCT-Zuständen wenig wahrscheinlich und wurden bisher auch noch nicht beobachtet.

3.2.2. Reaktionen von Koordinationsverbindungen im angeregten MLCT-Zustand

MLCT-Zustände unterscheiden sich vom jeweiligen elektronischen Grundzustand durch eine Verringerung der Elektronendichte am Metall und eine Erhöhung der Elektronendichte am Liganden. Formal läßt sich der MLCT-Zustand anhand von Gl. (67) darstellen.

$$L_nM{-}X \xrightarrow{h\nu_{MLCT}} L_nM^{(+)}X^{(-)} \qquad (67)$$

Das Zentralmetall liegt demzufolge in einem gegenüber dem Grundzustand erhöhten Oxidationszustand vor, weshalb Absorptionsbanden, die MLCT-Übergängen zuzuordnen sind, auch als Metalloxidationsbanden bezeichnet werden.

Wie dem vereinfachten Einelektronenschema in Abb. 3.10 zu entnehmen ist, wird bei der MLCT-Anregung ein Elektron von einem besetzten Metall-d-Orbital in ein unbesetztes Ligandorbital überführt. Langwellige MLCT-Übergänge sind demzufolge dann zu erwarten, wenn das Zentralmetall in einer niedrigen Oxidationsstufe vorliegt oder der Ligand über ein ausgedehntes π-System und damit über energetisch tiefliegende unbesetzte

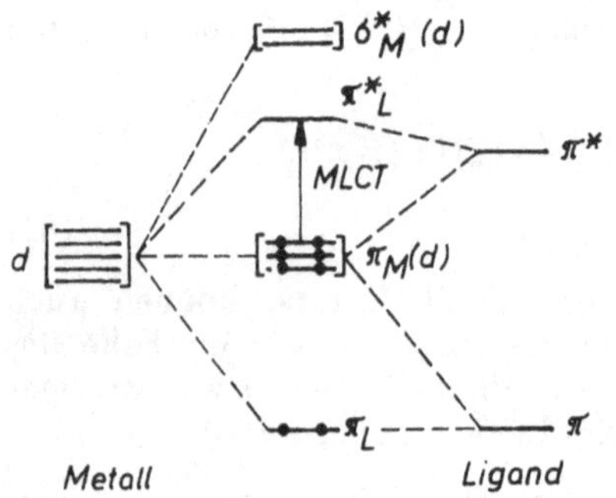

Abb. 3.10. Vereinfachtes MO-Diagramm mit MLCT-Übergang

Orbitale verfügt. Bei entsprechender Lage des π^*-Orbitals des Liganden kann die MLCT-Bande bis in den sichtbaren Spektralbereich verschoben werden, wie dies am Beispiel der Komplexe des 1,10-Phenanthrolins, des 2,2'-Bipyridins und anderer Liganden mit Eisen(II), Kupfer(I), Ruthenium(II) und Osmium(II) gezeigt werden kann. Auch die Substitution eines Amminliganden im $[Ru(NH_3)_6]^{2+}$ durch Pyridin führt bereits zu einer Verschiebung der MLCT-Bande in den sichtbaren Spektralbereich.

Typische Vertreter von Komplexen mit langwelligen MLCT-Banden sind auch die metallorganischen Verbindungen, die sowohl leicht oxidierbare Zentralatome als auch Liganden mit tiefliegenden unbesetzten Orbitalen enthalten.

MLCT-Zustände unterscheiden sich in ihrer Reaktivität drastisch von LMCT- oder angeregten Ligandenfeldzuständen. Da gemäß (67) bei der MLCT-Anregung die formale Ladung am Zentralmetall ansteigt, sind MLCT-Zustände in der Regel inert gegenüber Substitutionsreaktionen nach dem dissoziativen Mechanismus. Weiterhin folgt daraus, daß monomolekulare Redoxreaktionen für MLCT-Zustände eine geringere Wahrscheinlichkeit als für LMCT-Zustände besitzen, da der reduzierte Ligand durch eine stärkere elektrostatische Wechselwirkung am Zentralmetall gebunden ist und sich nicht durch Diffusion entfernen kann. Eine Ausnahme stellt die photochemisch induzierte Eliminierung von molekularem Wasserstoff aus Hydridokomplexen dar [32] (68):

$$(H)_2M(L)_2 \xrightarrow{h\nu_{MLCT}} (H)_2M^{(+)}(L^{(-)})(L) \rightarrow H_2 + M(L)_2 \qquad (68)$$

In diesem Fall ist jedoch die verringerte Stabilität der Metall-Wasserstoff-Bindung infolge der erhöhten positiven Ladung am Zentralmetall sowie die gleichzeitig vorhandene Möglichkeit der Bildung einer stabilen Bindung im Diwasserstoff die eigentliche Ursache für den dissoziativen Zerfall. Auch sei hervorgehoben, daß bisher noch nie die Dissoziation *eines* Liganden, sondern stets die Eliminierung von zwei Hydridoliganden in einer konzertierten Reaktion beobachtet wurde.

Im Gegensatz zu LMCT-Zuständen zeigen angeregte MLCT-Zustände jedoch eine größere Neigung zu Substitutionsreaktionen nach dem assoziativen Mechanismus, da die erhöhte positive Ladung am Zentralatom den nucleophilen Angriff eines eintretenden Liganden begünstigt. So konnte für die Reaktion des $[Ru(bipy)_3]^{2+}$ im MLCT-angeregten Zustand in Dimethylformamid als Lösungsmittel die Substitution eines 2,2'-Bipyridin-Liganden durch Dimethylformamid nachgewiesen werden [55], was als Beispiel für einen assoziativen Substitutionsmechanismus angesehen wird. Auch der Austausch gegen Thiocyanationen in nichtwäßriger Lösung wurde in dieser Weise interpretiert, wenngleich temperaturabhängige Messungen der Lumineszenz von $[Ru(bipy)_3]^{2+}$ in Gegenwart von Thiocyanationen auch Hinweise auf die Beteiligung von Ligandenfeldzuständen liefern [55].

So wie in MLCT-Zuständen die erhöhte positive Ladung einen nucleophilen Angriff am Zentralatom begünstigt, bietet die erhöhte negative Ladung am Liganden verbesserte Möglichkeiten für eine Reaktion des Liganden mit elektrophilen Partnern.

Als Beispiel sei hier der Wasserstoffaustausch am koordinierten Pyridin bei der MLCT-Anregung von $[Ru(NH_3)_5py]^{2+}$ genannt. Mit Hilfe der Blitzlichtphotolyse konnte für diesen Komplex ein verhältnismäßig langlebiges Intermediat ($\tau \lesssim 10$ ms) nachgewiesen werden, dessen Lebensdauer mit abnehmendem pH-Wert der Lösung zunimmt. Es wurde einem Komplex des Ruthenium(III) mit einem protonierten Pyridinanionradikal zugeordnet (vgl. Formelbild):

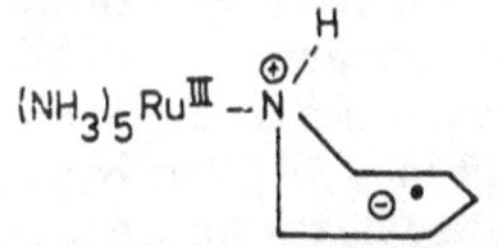

Die Bildung des sp^3-hybridisierten Stickstoffs im MLCT-Zustand des $[Ru(NH_3)_5py]^{2+}$ und die anschließende Fixierung durch Protonierung wird als entscheidende Ursache für die verhältnismäßig lange Lebensdauer des Intermediats angesehen. In diesem Zusammenhang ist interessant, daß auch im MLCT-Zustand des $[Ru(bipy)_3]^{2+}$ die negative Ladung auf einen bipy-Liganden lokalisiert ist.

Die Einführung eines Pyridinliganden in $[Ru(NH_3)_6]^{2+}$ hat nicht nur einen entscheidenden Einfluß auf die spektroskopischen Eigenschaften des Komplexes, sondern führt auch zu einer deutlichen Veränderung der Photoreaktivität.

Bestrahlt man $[Ru(NH_3)_6]^{2+}$ mit Licht der Wellenlänge von etwa 400 nm, so erfolgt auf Grund der damit verbundenen Ligandenfeldanregung die Substitution eines Amminliganden durch Wasser ($\Phi = 0{,}3$). Nach Einbau des Pyridinliganden wird jedoch eine deutliche Verminderung der Photoreaktivität verzeichnet: Die Quantenausbeute der Substitution fällt auf einen Wert um 0,1 ab. Zusätzlich wird, wie bereits erwähnt, Wasserstoffaustausch am Pyridinring beobachtet. Daß trotz der Einstrahlung in die intensive MLCT-Bande des $[Ru(NH)_3)_5py]^{2+}$ noch in beträchtlichem Maße Photosubstitution beobachtet wird, ist auf die gleichzeitige Population des angeregten Ligandenfeldzustandes zurückzuführen. Durch Einführung von elektronenziehenden Substituenten am Pyridinring kann die Lage des π^*-Orbitals und damit die Energie des MLCT-Zustandes abgesenkt werden. So wird die MLCT-Bande von 407 nm im Falle des Komplexes $[Ru(NH_3)_5py]^{2+}$ bis nach 523 nm im Falle des $[Ru(NH_3)_5$(4-Acetylpyridin)$]^{2+}$ verschoben. Da die Ligandenfeldaufspaltung von diesen Veränderungen nur wenig beeinflußt wird, kann auf diese Weise die Energie des MLCT-Zustandes deutlich unter die des Ligandenfeldzustandes gesenkt werden (vgl. Abb. 3.11).

Wird nun bei verschiedenen Wellenlängen in die MLCT-Bande eingestrahlt, so wird für den Komplex $[Ru(NH_3)_5$ (4-Acetylpyridin)$]^{2+}$ eine deutliche Wellenlängenabhängigkeit der Quantenausbeute der Substitution beobachtet. Sie fällt von etwa 0,1 bei 400 nm auf einen Wert von etwa 10^{-3} im Bereich um 500 nm. Im Fall des Komplexes $[Ru(NH_3)_5py]^{2+}$ bleibt sie im gesamten Bereich der MLCT-Bande konstant, was im Einklang mit einem tiefer liegenden angeregten Ligandenfeldzustand steht.

Die Energie des MLCT-Zustandes kann auch durch die Wahl des Lösungsmittels beeinflußt werden, so daß im Falle von Komplexen mit MLCT- und angeregten Ligandenfeldzuständen annähernd gleicher Energie durch die Wahl des Lösungsmittels die energetische Reihenfolge dieser Zustände und damit das photochemische Verhalten der Komplexe beeinflußt werden kann.

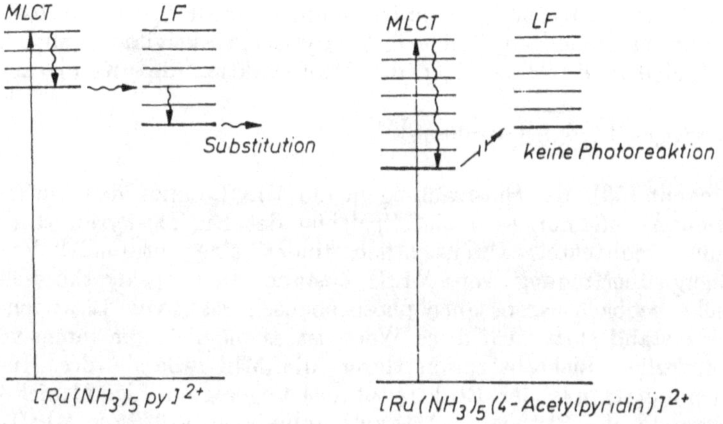

Abb. 3.11. Beeinflussung der Photoreaktion durch Variation der Substituenten

So ist zum Beispiel der Komplex $[Ru(NH_3)_5(4\text{-Phenylpyridin})]^{2+}$ in wäßriger Lösung ($\lambda_{max}^{MLCT} = 446$ nm) photoaktiv und unterliegt einer Photosubstitution, weil der niedrigste angeregte Zustand hier ein angeregter Ligandenfeldzustand ist. In Dimethylsulfoxid als Lösungsmittel erfolgt dagegen eine Absenkung des MLCT-Zustandes ($\lambda_{max}^{MLCT} = 497$ nm) unterhalb des angeregten Ligandenfeldzustandes, was den Verlust an Photoreaktivität erklärt.

Die Möglichkeit der Beeinflussung der energetischen Reihenfolge der niedrigsten angeregten Zustände durch Variation der Substituenten bzw. des umgebenden Mediums ist von großer praktischer Bedeutung für die spektrale Sensibilisierung von photoempfindlichen Koordinationsverbindungen (vgl. Kap. 5.). Voraussetzung für eine derartige praktische Anwendung ist neben einer intensiven langwelligen Absorptionsbande die große photochemische Stabilität des Sensibilisators gegenüber irreversibel verlaufenden Photoreaktionen sowie eine möglichst lange Lebensdauer des angeregten Zustandes. Diese Bedingungen werden dann erfüllt, wenn der energieärmste angeregte Zustand ein MLCT- oder ein Intraligand-angeregter Zustand ist. Ist dagegen der energieärmste angeregte Zustand ein angeregter Ligandenfeldzustand, so erfolgt in der Regel eine schnelle Degradation des Sensibilisators durch Substitutionsreaktionen.

Es gibt jedoch Fälle, wo dies auch aus praktischen Gründen

durchaus erwünscht ist, nämlich dann, wenn die bei der Substitution entstehenden Teilchen katalytische Aktivität besitzen. Als Modellbeispiel sei hier die Photoreaktion des Komplexes

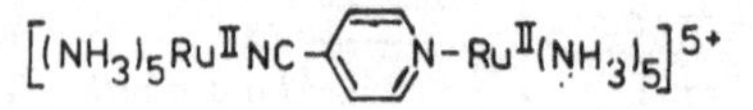

genannt [56]. Bei Einstrahlung in die MLCT-Bande des Ruthenium(II) (488 nm) wird eine Spaltung der Ru(III)-Pyridin-Bindung beobachtet. Offensichtlich findet eine intramolekulare Energieübertragung von MLCT-Zustand zum spektroskopisch nicht beobachtbaren, aber photochemisch reaktiven Ligandenfeldzustand statt. Auf diese Weise ist es möglich, die intensive langwellige Lichtabsorption durch die MLCT-Bande des Ruthenium(II) mit der Reaktivität des angeregten Ligandenfeldzustandes des Ruthenium(III) zu kombinieren, wobei die MLCT-Banden mit der Funktion einer Antenne vergleichbar wären.

Neben der intramolekularen Energieübertragung bietet auch die intramolekulare Elektronenübertragung Möglichkeiten, die intensiven MLCT-Banden für die spektrale Sensibilisierung zu nutzen. Von Ford und Mitarb. wurde die Ausbleichung von Pyrazin-verbrückten Zweikernkomplexen bei Einstrahlung in die MLCT-Bande des Ruthenium(II) beobachtet, was auf die in Gl. (69) angegeneben Reaktionsschritte zurückgeführt werden kann.

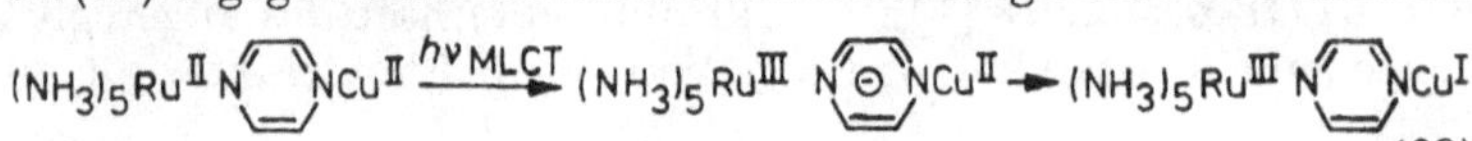

(69)

Dieser als Elektronentransferphotochromie bezeichnete Prozeß wurde auch mit UO_2^{2+} anstelle von Cu^{2+}, jedoch nicht mit Zn^{2+}, Ni^{2+} und H^+ beobachtet.'

Von weitaus größerer Bedeutung als die monomolekularen Reaktionen von MLCT-angeregten Zuständen sind die bimolekularen Reaktionen [23]. Neben der intensiven Lichtabsorption spielt hierbei vor allem die relativ lange Lebensdauer von Komplexen mit energetisch tiefliegenden MLCT-Zuständen eine Rolle.

Es werden sowohl bimolekulare Energie- als auch Elektronenübertragungsreaktionen beobachtet. Obwohl Komplexe in angeregtem MLCT-Zustand sowohl stärkere Reduktions- als auch stärkere Oxidationsmittel als die Verbindungen im Grundzustand darstellen, überwiegen vor allem bei Koordinationsverbindungen mit räumlich ausgedehnten Liganden die Reduktionsreaktionen. Das hängt vermutlich damit zusammen, daß es für den Reaktionspartner leichter ist, ein Elektron vom äußeren Liganden aufzunehmen als ein Elektron an das von den Liganden abgeschirmte Zentralmetall abzugeben.

3.2.3. Reaktionen von Koordinationsverbindungen im CTTS-Zustand

Eine Reihe von Koordinationsverbindungen weist im ultravioletten Spektralbereich verhältnismäßig breite unstrukturierte Absorptionsbanden auf, die einem Elektronenübergang vom Zentralmetall auf das umgebende Lösungsmittel entsprechen und die deshalb als Charge-transfer-to-solvent-Banden (CTTS) bezeichnet werden. Die Lage der CTTS-Bande korreliert mit dem Ionisierungspotential des Metallkomplexes [57, 58].

Beispiele für Koordinationsverbindungen mit CTTS-Banden in wäßriger Lösung sind vor allem die anionischen Cyanokomplexe von Metallionen in niedrigen Oxidationsstufen, wie $[Fe(CN)_6]^{4-}$, $[Ru(CN)_6]^{4-}$, $[Mo(CN)_8]^{4-}$ und $[W(CN)_8]^{4-}$, aber auch kationische Komplexe, wie $[Ru(NH_3)_6]^{2+}$ und eine Reihe von Aquokomplexen (Fe^{2+}_{aq}, Cr^{2+}_{aq}), besitzen CTTS-Banden im Bereich oberhalb 200 nm. Das Auftreten von CTTS-Banden ist jedoch nicht auf Wasser als Lösungsmittel beschränkt, wie das Beispiel der Chlorocuprate(I) in Acetonitril oder verschiedener metallorganischer Verbindungen (Ferrocen, Ruthenocen, Metallcarbonyle) in Halogenkohlenwasserstoffen zeigt.

Der CTTS-Zustand läßt sich formal anhand von Gl. (70) beschreiben:

$$(L_nM)\,\text{solv} \xrightarrow{h\nu_{CTTS}} L_nM^{(+)}\,\text{solv}^{(-)} \rightarrow L_nM^+ + e_{solv} \tag{70}$$

Die Ladungstrennung kann bis zur vollständigen Ablösung des Elektrons führen, wobei ein sogenanntes solvatisiertes Elektron entsteht.

Der Nachweis solvatisierter Elektronen gelang im Falle der Cyanometallate durch den Einsatz chemischer Fänger. Als solcher hat sich in wäßriger Lösung besonders das N_2O als geeignet erwiesen, das mit solvatisierten Elektronen unter Bildung von Distickstoff und Hydroxylradikalen reagiert (71).

$$e^-_{aq} + N_2O \rightarrow N_2 + \cdot O^- \xrightarrow{H^+} \cdot OH \tag{71}$$

Die Menge des in (71) gebildeten Distickstoffs ist dabei der Zahl der photochemisch gebildeten solvatisierten Elektronen direkt proportional.

Im Unterschied zu den anionischen Cyanokomplexen konnte für die kationischen Komplexe $[Ru(NH_3)_6]^{2+}$ und Fe^{2+}_{aq} bei CTTS-Anregung zwar die Oxidation des Metalls, nicht aber die Bildung solvatisierter Elektronen nachgewiesen werden. Statt dessen wurde die Bildung von Wasserstoff beobachtet. Möglicherweise stellt der gebildete Wasserstoff ein Reaktionsprodukt solvatisierter Elektronen (bzw. des CTTS-angeregten Komplexes) dar (72), doch ist bislang nicht befriedigend erklärt, warum im Unterschied zum Fe^{2+}_{aq} die Bestrahlung anderer kationischer Spezies, wie Cr^{2+}_{aq} und V^{3+}_{aq}, nachweisbar zu solvatisierten Elektronen führt.

$$e^-_{aq} + H^+ \rightarrow \cdot H \rightarrow 1/2\, H_2 \qquad (72)$$

Interessant ist auch der Nachweis solvatisierter Elektronen bei der Photolyse des angeregten MLCT-Zustandes von $[Ru(bipy)_3]^{2+}$, d. h. bei der sequentiellen Zweiphotonenanregung.

Eingehend untersucht wurde der Einfluß des pH-Wertes auf die Photooxidation von $CuCl_2^-$ durch CTTS-Anregung in wäßriger Lösung. Dabei konnte gezeigt werden, daß die Quantenausbeute der Kupfer(II)-Bildung über einen größeren Bereich proportional der Wurzel der H^+-Konzentration ist (73):

$$\Phi = a + b\,[H^+]^{1/2} \qquad (73)$$

Eine derartige Abhängigkeit spricht für den in (74) angegebenen Mechanismus, bei dem die Rekombination des bei CTTS-Anregung entstehenden solvatisierten Elektrons mit dem Kupfer(II) durch eine Abfangreaktion mit den Protonen beeinflußt wird.

$$CuCl_2^- \underset{}{\overset{h\nu_{CTTS}}{\rightleftharpoons}} \underset{\text{primäres Radikalpaar}}{(CuCl_2 \cdots e^-_{aq})} \rightleftharpoons \underset{\text{sekundäres Radikalpaar}}{(CuCl_2 + e^-_{aq})} \xrightarrow{H^+} \cdot H \qquad (74)$$

In Abwesenheit eines chemischen Fängers dominiert die Rekombination des geminalen Radikalpaares aus Cu(II) und e^-_{aq}, so daß nur ein kleiner Teil aus dem Lösungsmittelkäfig entweichen kann. Ist jedoch ein entsprechend reaktiver Fänger zugegen, kann ein Teil der solvatisierten Elektronen abgefangen werden, wobei entsprechend der von NOYES entwickelten Theorie dieser Teil näherungsweise proportional der Wurzel der Fängerkonzentration ist [59].

3.2.4. Photoreaktionen von Ionenpaaren

Geladene Koordinationsverbindungen neigen zur Bildung von Ionenpaaren mit den entsprechenden Gegenionen, wobei die Ionenpaarbildung vor allem in Lösungsmitteln geringer Dielektrizitätskonstante sowie bei hoher Ionenladung an Bedeutung gewinnt.

Die Gleichgewichtskonstante K_{IP} für die Bildung von Ionenpaaren kann unter der Annahme rein elektrostatischer Wechselwirkungen nach (75) abgeschätzt werden.

$$K_{IP} = \frac{4\pi N a^3}{3000} \exp(-w/kT) \tag{75}$$

$$w = z_K z_A e^2/(Da(1 + \beta a I^{1/2})) \tag{76}$$

$$\beta = (8\pi N e^2/1000\, DkT)^{1/2} \tag{77}$$

D – statische Dielektrizitätskonstante des Lösungsmittels
a – Summe der Radien von Anion und Kation
N – AVOGADRO-Zahl
k – BOLTZMANN-Konstante
I – Ionenstärke
T – Temperatur

Von besonderem Interesse sind Ionenpaare von Koordinationsverbindungen mit leicht reduzierbaren oder oxidierbaren Gegenionen, da in diesen Fällen zusätzliche langwellige Absorptionsbanden beobachtet werden können (vgl. Abschn. 5.3.1.). Derartige als Ionenpaar-Charge-Transfer-Banden (IPCT) bezeichnete Absorptionsbanden, die zum Beispiel bei Ionenpaaren von Cobalt(III)-Komplexen mit Iodid- oder Tetraphenylborationen auftreten, entsprechen einem Elektronenübergang zwischen dem Zentralmetall der Koordinationsverbindung und dem assoziierten Gegenion. Je nach den Redoxeigenschaften der Ionen sind Elektronenübergänge sowohl von der Koordinationsverbindung zum Gegenion als auch umgekehrt möglich:

$$L_nM^+, A^- \xrightarrow{h\nu_{IPCT}} L_nM, \cdot A \tag{78}$$

$$X_mM^-, K^+ \xrightarrow{h\nu_{IPCT}} X_mM, \cdot K \tag{79}$$

Der durch Einstrahlung in die IPCT-Banden erzeugte elektronisch angeregte Zustand entspricht demnach Assoziaten aus einem reduzierten Komplexkation und einem oxidierten Anion bzw. einem oxidierten Komplexanion und einem reduzierten Kation. Im Prinzip sollten auch Reaktionen des Typs (80) und (81)

$$L_nM^+, A^- \xrightarrow{h\nu_{IPCT}} L_nM^{2+}, A^{2-} \tag{80}$$

$$X_mM^-, K^+ \xrightarrow{h\nu_{IPCT}} X_mM^{2-}, K^{2+} \tag{81}$$

möglich sein, doch wurden diese bisher noch nicht experimentell nachgewiesen.

IPCT-Zustände ähneln weitestgehend den MLCT- bzw. LMCT-Zuständen. Durch irreversiblen Zerfall einer der beiden im Ionenpaarassoziat enthaltenen Bestandteile kann die sich anderenfalls an die IPCT-Anregung anschließende Elektronenrückübertragung unterdrückt werden.

Ein derartiger Zerfall ist beispielsweise bei Ionenpaaren möglich, die Ammincobalt(III)-Komplexe als komplexes Kation enthalten. Das entstehende Cobalt(II) ist kinetisch labil und tauscht die Amminliganden gegen Wassermoleküle aus, wodurch die Rückreaktion unterdrückt und der IPCT-induzierte Redoxprozeß sehr effizient wird. Wird dagegen die kinetische Labilität des Cobalt(II) durch geeignete Liganden, wie Sepulchrate oder Sarkophagine (vgl. Formelbild), verringert, so sind bei IPCT-Anregung keine permanenten chemischen Veränderungen zu beobachten [60].

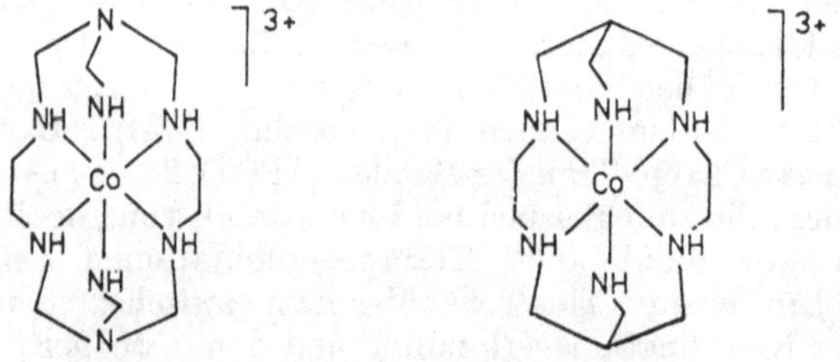

[Co(sep)]$^{3+}$ [Co(sar)]$^{3+}$

Im Unterschied zum $[Co(sep)]I_3$ bildet das aus $[Co(sep)]^{3+}$ und Hydrogenoxalat bestehende Ionenpaar bei Einstrahlung in die IPCT-Bande den entsprechenden Cobalt(II)-Komplex ($\Phi = 0{,}29$) [61], was in diesem Fall auf den irreversiblen Zerfall des gebildeten

Hydrogenoxalatradikals zurückzuführen ist.

$$[Co^{III}(sep)]^{3+}, HC_2O_4^- \xrightarrow{h\nu_{IPCT}} [Co^{II}(sep)]^{2+}, HC_2O_4^{\cdot} \quad (82)$$

$$HC_2O_4^{\cdot} \rightarrow H^+ + CO_2 + {}^{\cdot}CO_2^- \quad (83)$$

$$[Co^{III}(sep)]^{3+} + {}^{\cdot}CO_2^- \rightarrow [Co^{II}(sep)]^{2+} + CO_2 \quad (84)$$

Auch die Bildung von Mo(V) bei der Einstrahlung in die IPCT-Bande des Ionenpaares $[Mo(CN)_8]^{4-}$, $I(C_6H_5)_2^+$ ist auf den Zerfall eines der Reaktionsprodukte, nämlich des Diphenyliodradikals, zurückzuführen.

Obwohl die IPCT-Photochemie von Koordinationsverbindungen bisher erst in ihren Anfängen untersucht wurde, deuten sich jedoch vielfältige interessante Möglichkeiten einer praktischen Nutzung für Verfahren der Informationsaufzeichnung und der Sonnenenergiewandlung an (vgl. Abschn. 6.2. und 6.3.).

3.2.5. Photoreaktionen von Mixed-Valence-Verbindungen

Die Wechselwirkung zweier Metallzentren mit unterschiedlichen Redoxpotentialen entweder in Form von Ionenpaarassoziaten oder als Zweikernkomplex mit einem gemeinsamen Brückenliganden führt zu zusätzlichen Absorptionsbanden, die Elektronenübergängen von einem Metallzentrum zum anderen zuzuordnen sind. Derartige Übergänge werden als Intervalence-Charge-Transfer-Übergänge (IT) bezeichnet (85, 86).

$$M_1{-}B{-}M_2 \xrightarrow{h\nu_{IT}} M_1^+{-}B{-}M_2^- \quad (85)$$

$$X_mM_1^-, M_2^+ \xrightarrow{h\nu_{IT}} X_mM_1^-, M^+ \quad (86)$$

Die Energie des IT-Übergangs in Mixed-Valence-Verbindungen wird von der Art der Metallionen, dem Lösungsmittel sowie dem Abstand zwischen den Metallzentren bestimmt (vgl. Abschn. 5.3.1.), [13].

Der IT-Übergang ist gleichbedeutend mit der Oxidation des einen Metallzentrums und der gleichzeitigen Reduktion des anderen. Inwieweit diese Reaktion tatsächlich zu permanenten chemischen Veränderungen führt, hängt davon ab, welche irreversiblen Folgereaktionen IT-angeregte Koordinationsverbindungen eingehen können. Anderenfalls würde eine schnelle Rückübertragung des Elektrons unter Wiederherstellung des Ausgangszustandes stattfinden. Die Geschwindigkeit der thermischen Elektronenrückübertragung korreliert mit der Energie des IT-Übergangs und steigt mit abnehmender IT-Energie an [62]. Aus diesem Grunde unterliegen viele Mixed-Valence-Verbindungen, insbesondere solche mit langwelligen IT-Übergängen, keinen permanenten chemischen Veränderungen bei Einstrahlung in die IT-Bande [63].

Da Mixed-Valence-Verbindungen teilweise IT-Banden aufweisen, die bis in den nahen infraroten Spektralbereich hineinreichen, haben sie potentielle Bedeutung für die spektrale Sensibilisierung erlangt. Einige der wenigen bisher bekannten Beispiele, bei denen die durch IT-Anregung induzierten chemischen Veränderungen irreversibel gestaltet werden können, werden daher im Zusammenhang mit der spektralen Sensibilisierung von Koordinationsverbindungen im Abschn. 5.3.1. diskutiert.

3.3. Photoreaktionen von Koordinationsverbindungen in angeregten Intraligand-Zuständen

Die Koordination eines organischen Liganden an ein Metallion führt in der Regel zu einer Störung der Elektronenstruktur des Liganden. Dies betrifft insbesondere die Orbitale, die unmittelbar mit den entsprechenden Orbitalen des Zentralmetalls in Wechselwirkung treten.

Daneben existieren auch Orbitale, die aus energetischen oder Symmetriegründen nicht mit dem Metall wechselwirken und daher durch die Komplexbildung kaum beeinflußt werden.

Als Beispiel sei hierfür der Komplex $[W(CO)_5py]$ genannt. Da die Bindung zwischen dem Wolfram und dem Pyridin eine σ-Bindung darstellt, wird vor allem das freie Elektronenpaar des Pyridinstickstoffs beansprucht, während das π-Elektronensystem im wesentlichen unbeeinflußt bleibt (vgl. Abb. 3.12). In den Absorptionsspektren des Komplexes und des freien Pyridins erscheinen daher die $\pi\pi^*$-Banden bei annähernd gleicher Energie, während die $n\pi^*$-Bande im Komplex hypsochrom verschoben ist. Sehr häufig wird diese Bande im Komplex von der intensiveren $\pi\pi^*$-Bande überdeckt.
Genau genommen handelt es sich dabei um keinen „reinen" $n\pi^*$-Übergang mehr, denn das tieferliegende σ-Orbital trägt sowohl Metall- als auch Ligandcharakter.

Die Einstrahlung in die $n\pi^*$-Bande führt zur Verringerung der Elektronendichte entlang der Metall-Ligand-Bindung und somit zu einer Labilisierung dieser Bindung. Im Falle des Komplexes

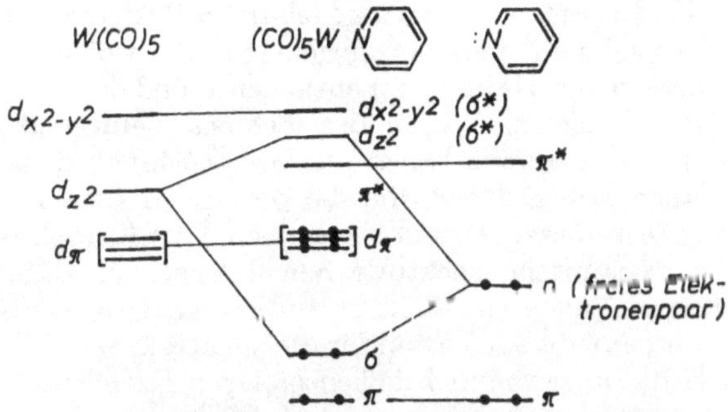

Abb. 3.12. Vereinfachtes MO-Diagramm für $[W(CO)_5py]$

cis-Dichloro-bis(1-naphthylamin)platin(II) kann auf diese Weise der Aminligand bei Einstrahlung in die Intraligand-Banden freigesetzt werden ($\Phi = 0{,}1$).

Von besonderer Bedeutung ist die Tatsache, daß die Energie von Intraligandzuständen oft höher ist als die von angeregten Ligandenfeld- oder LMCT-Zuständen. Das kann zu einer intramolekularen Energieübertragung (Internal Conversion) bei Anregung der Intraligandbanden führen, wie das zum Beispiel bei der Photolyse von Cuproinkupfer(II)-Komplexen der Fall ist, wo die Quantenausbeute für die Kupfer(I)-Bildung unabhängig davon ist, ob in die LMCT-Bande oder in die kürzerwelligen $\pi\pi^*$-Banden der Cuproinliganden eingestrahlt wird.

Es existiert jedoch auch eine Reihe von gut charakterisierten Beispielen, bei denen die Intraligandanregung zu Reaktionen am Liganden führt und zwar mit Geschwindigkeiten, die mit der intramolekularen Energieübertragung auf andere Zustände konkurrieren können. Hierzu gehört die folgende Photoreaktion, bei der der $\pi\pi^*$-Zustand des trans-Styrylpyridin-Liganden zur trans-cis-Isomerisierung des koordinierten Liganden führt (87).

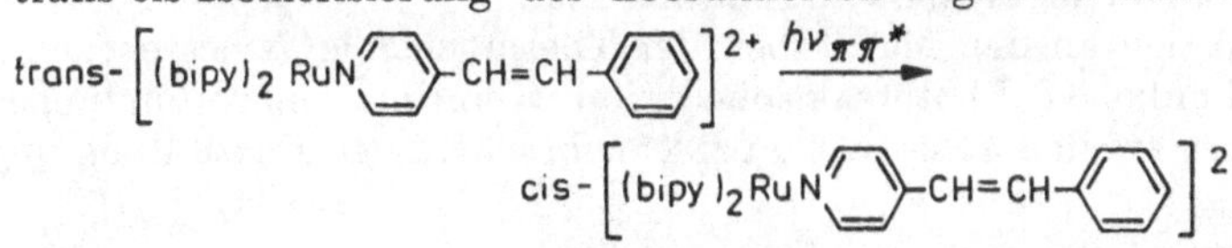

(87)

Die analoge Reaktion wird natürlich auch dann beobachtet, wenn der $\pi\pi^*$-Zustand des Styrylpyridins der energieärmste angeregte Zustand des Komplexes ist, wie zum Beispiel bei fac-$[ReCl(CO)_3L_2]$ (L = trans-3- bzw. trans-4-Styrylpyridin).

Von großem Interesse sind die Photoreaktionen von Komplexen, bei denen die Liganden über ausgedehnte π-Systeme verfügen, wie zum Beispiel die Metalloporphyrine [64, 65], wobei hier vor allem die Komplexe der Hauptgruppenelemente und des Zinks eine besondere Rolle spielen. Wegen des Fehlens tiefliegender angeregter Ligandenfeldzustände haben die $^3\pi\pi^*$-Zustände dieser Komplexe eine lange Lebensdauer, die die des freien Liganden deutlich übersteigt. Aus diesem Grund eignen sich diese Komplexe sehr gut für die dynamische spektrale Sensibilisierung. Dabei spielen sowohl Energie- als auch Elektronenübertragungsreaktionen eine Rolle. Von besonderem Vorteil für die spektrale Sensibilisierung sind dabei die ungewöhnlich hohen molaren Extinktionskoeffizienten der $\pi\pi^*$-Banden, die zum Teil Werte von $5 \cdot 10^5$ $\mathrm{l\,mol^{-1}\,cm^{-1}}$ übersteigen.

Die Umwandlung der Sonnenenergie in chemische Energie bei der Photosynthese grüner Pflanzen beruht ebenfalls auf der Reaktivität von $\pi\pi^*$-Zuständen koordinierter Liganden (Chlorophyll a), [66, 67].

3.4. *Zusammenfassung*

Die Photochemie von Koordinationsverbindungen zeichnet sich durch eine große Vielfalt möglicher Reaktionen aus. Durch die Wahl der Anregungswellenlänge, durch Variation der Liganden bzw. des Zentralatoms sowie durch die Wahl des Reaktionsmediums (Lösungsmittel, pH-Wert), der Konzentration, der Temperatur und anderer Parameter läßt sich häufig die Richtung der Photoreaktion beeinflussen. In Tab. 5 ist eine repräsentative Auswahl von Photoreaktionen von Koordinationsverbindungen zur Illustration dieses Sachverhaltes zusammengestellt.

Die Photoreaktionen führen häufig zu Produkten, die auf thermischem Wege entweder überhaupt nicht oder zu langsam oder in ungenügender Ausbeute erhältlich sind.

Zu den an den Maßstäben der Thermochemie gemessenen ungewöhnlichen Photoreaktionen von Koordinationsverbindungen gehört zweifellos die von Poznyak beschriebene Darstellung von Dreiringchelaten des Cobalt(III) vom Typ 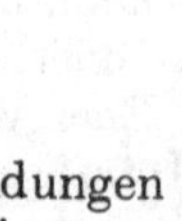 durch Tieftemperaturphotolyse der entsprechenden Glycinatocobalt(III)-Gemischtligandkomplexe. Aber auch die radikalische Verknüpfung

Tabelle 4
Photoreaktionen von $[Co(NH_3)_5NO_2]^{2+}$ in Abhängigkeit von der Anregungswellenlänge

Reaktion	Quantenausbeuten und Anregungsart		
	254 nm (LMCT)	365 nm (LF)	442 nm (LF)
Oxidation von NO_2^-	0,51	0,31	0,12
Oxidation von NH_3	< 0,05	< 0,05	< 0,02
Aquotisierung von NO_2^-	< 0,01	< 0,01	< 0,005
Aquotisierung von cis-NH_3	< 0,03	< 0,03	< 0,02
Aquotisierung von trans-NH_3	< 0,01	< 0,02	< 0,01
Bindungsisomerisierung von NO_2^-	0,13	0,055	0,035

der durch MLCT-Anregung erzeugten Sarkophaginylcobalt(III)-Einheiten zum entsprechenden Zweikernkomplex (s. Schema S. 98) [60] muß in diese Kategorie eingeordnet werden.

Fast schon zur Routinemethode ist die photochemische Darstellung der auf thermischem Wege schlecht zugänglichen Komplexe des Typs $[M(CO)_5L]$ durch Ligandenfeldanregung der entsprechenden Hexacarbonyle in Gegenwart des entsprechenden Liganden L in einem Lösungsmittel, wie Tetrahydrofuran, geworden.

Daß Photoreaktionen von Koordinationsverbindungen auch der theoretischen Chemie neue Impulse verleihen kann, beweist die intensive Diskussion, die das von VOGLER bei der Photolyse von cis-$[Pt(PPh_3)_2(N_3)_2]$ nachgewiesene (?) Hexazin besonders unter Quantenchemikern hervorgerufen hat.

Bedeutende Fortschritte sind in den letzten Jahren bei der Entwicklung theoretischer oder semiempirischer Modelle zur Voraussage des Verlaufes von Photoreaktionen, insbesondere der Substitutions- und Isomerisierungsreaktionen, gemacht worden. Eine bedeutende Gruppe von Forschern beschäftigt sich schon heute mit der quantitativen Voraussage der Geschwindigkeiten der einzelnen photophysikalischen und photochemischen Elementarprozesse. Auf Grund der Kompliziertheit dieser Problematik wird jedoch vermutlich die Theorie noch eine gewisse Zeit hinter dem Experiment zurückbleiben, wofür sich gerade in den letzten Jahren durch die Entwicklung der Lasertechnik ausgezeichnete Bedingungen entwickelt haben.

In zunehmendem Maße rücken auch Aspekte der praktischen

Tabelle 5

Beispiele für Photoreaktionen ausgewählter Koordinationsverbindungen

Komplexverbindung	Anregungswellenlänge (angeregter Zustand)	Reaktion		
$[Cr(NH_3)_6]^{3+}$	254 nm (LMCT)	Aquotisierung	$*[Cr(NH_3)_6]^{3+}$	→
	320–410 nm (LF)	Aquotisierung	$*[Cr(NH_3)_6]^{3+}$	→
	380–600 nm (LF)	Aquotisierung	$*[Cr(NH_3)_6]^{3+}$	→
$[Cr(NH_3)_5Cl]^{2+}$	250 nm	Aquotisierung	$*[Cr(NH_3)_5Cl]^{2+}$	→
	(LMCT)	Aquotisierung	$*[Cr(NH_3)_5Cl]^{2+}$	→
	365 nm	Aquotisierung	$*[Cr(NH_3)_5Cl]^{2+}$	→
	(LF)	Aquotisierung	$*[Cr(NH_3)_5Cl]^{2+}$	→
	406 nm	Aquotisierung	$*[Cr(NH_3)_5Cl]^{2+}$	→
	(LF)	Aquotisierung	$*(Cr(NH_3)_5Cl]^{2+}$	→
	506 nm	Aquotisierung	$*[Cr(NH_3)_5Cl]^{2+}$	→
	(LF)	Aquotisierung	$*[Cr(NH_3)_5Cl]^{2+}$	→
$[Cr(CN)_6]^{3-}$	305 nm (LF)	Aquotisierung	$*[Cr(CN)_6]^{3-}$	→
	370 nm (LF)	Aquotisierung	$*[Cr(CN)_6]^{3-}$	→
$[Cr(ox)_3]^{3-}$	254 nm (LMCT)	Reduktion	$*[Cr(ox)_3]^{3-}$	→
	420 nm (LF)	Racemisierung	$*D\text{-}[Cr(ox)_3]^{3-}$	→
$[Cr(H_2O)_6]^{3+}$, NCS^-	400 nm (LF)	Anation	$*[Cr(H_2O)_6]^{3+}$, NCS^-	→
	575 nm (LF)	Anation	$*[Cr(H_2O)_6]^{3+}$, NCS^-	→
$[Mn(ox)_3]^{3-}$	313 nm (LMCT)	Reduktion	$*[Mn(ox)_3]^{3-}$	→
	547 nm (LF)	Reduktion	$*[Mn(ox)_3]^{3-}$	→
MnO_4^-	405 nm (LMCT)	Reduktion	$*MnO_4^-$	→
$[Fe(ox)_3]^{3-}$	254–436 nm (LMCT)	Reduktion	$*[Fe(ox)_3]^{3-}$	→
$[Fe(bipy)_3]^{3+}$	546 nm (LMCT)	Reduktion	$*[Fe(bipy)_3]^{3+}$	→
Fe^{3+}, X^- (X = OH, Cl, N_3, NCS)	313 nm (LMCT)	Reduktion	$*Fe^{3+}$, X^-	→

[1]) Die Quantenausbeute bezieht sich auf die Bildung der reduzierten Metallionen und schließt die thermische Folgeraktion des $\cdot CO_2^-$-Radikals mit ein.

	Quantenausbeute
$[Cr(NH_3)_5H_2O]^{3+} + NH_3$	0,10
$[Cr(NH_3)_5H_2O]^{3+} + NH_3$	0,36
$[Cr(NH_3)_5H_2O]^{3+} + NH_3$	0,30
cis-$[Cr(NH_3)_4(H_2O)Cl]^{2+} + NH_3$	0,35
$[Cr(NH_3)_5H_2O]^{3+} + Cl^-$	0,23
cis-$[Cr(NH_3)_4(H_2O)Cl]^{2+} + NH_3$	0,35
$[Cr(NH_3)_5H_2O]^{3+} + Cl^-$	0,05
cis-$[Cr(NH_3)_4(H_2O)Cl]^{2+} + NH_3$	0,38
$[Cr(NH_3)_5H_2O]^{3+} + Cl^-$	0,007
cis-$[Cr(NH_3)_4(H_2O)Cl]^{2+} + NH_3$	0,36
$[Cr(NH_3)_5H_2O]^{3+} + Cl^-$	0,04
$[Cr(NC)_5H_2O]^{2-} + CN^-$	0,08
$[Cr(CN)_5H_2O]^{2-} + CN^-$	0,09
$Cr^{2+}_{aq} + 2\,ox^{2-} + CO_2 + \cdot CO_2^-$	0,016
L-$[Cr(ox)_3]^{3-}$	0,09
$[Cr(H_2O)_5NCS]^{2+} + H_2O$	0,0024
$[Cr(H_2O)_5NCS]^{2+} + H_2O$	0,0020
$Mn^{2+} + 2\,ox^{2-} + CO_2 + \cdot CO_2^-$	0,50[1])
$Mn^{2+} + 2\,ox^{2-} + CO_2 + \cdot CO_2^-$	0,30[1])
$MnO_2 + O_2^-$	0,001
$Fe^{2+} + 2\,ox^{2-} + CO_2 + \cdot CO_2^-$	1,22–1,12[1])
$[Fe(bipy)_3]^{2+} + \cdot OH + H^+$	0,06
$Fe^{2+} + \cdot X$	0,5

Tabelle 5 (Fortsetzung)

Komplexverbindung	Anregungswellenlänge (angeregter Zustand)	Reaktion	
$[Fe(CN)_6]^{4-}$	254 nm (CTTS)	Oxidation	$*[Fe(CN)_6]^{4-} \rightarrow$
	313 nm (LF)	Aquotisierung	$*[Fe(CN)_6]^{4-} \rightarrow$
		Oxidation	$*[Fe(CN)_6]^{4-} \rightarrow$
$[Fe(CN)_4bipy]^{2-}$	365 nm (MLCT)	Aquotisierung	$*[Fe(CN)_4bipy]^{2-} \rightarrow$
$[Co(NH_3)_6]^{3+}$	254 nm (LMCT)	Reduktion	$*[Co(NH_3)_6]^{3+} \rightarrow$
	365 nm (LF)	Aquotisierung	$*[Co(NH_3)_6]^{3+} \rightarrow$
$[Co(NH_3)_6]^{3+}$, I^-	370 nm (IPCT)	Reduktion	$*[Co(NH_3)_6]^{3+}, I^- \rightarrow$
$[Co(CN)_6]^{3-}$	365 nm (LF)	Aquotisierung	$*[Co(CN)_6]^{3-} \rightarrow$
$[Co(ox)_3]^{3-}$	313 nm (LMCT)	Reduktion	$*[Co(ox)_3]^{3-} \rightarrow$
	450 nm (LF)	Reduktion Racemisierung	$*[Co(ox)_3]^{3-} \rightarrow$ $*D\text{-}[Co(ox)_3]^{3-} \rightarrow$
$[Co(NH_3)_6]^{3+}$, $[Ru(CN)_6]^{4-}$	366 nm (IT)	Reduktion Oxidation	$*[Co(NH_3)_6]^{3+}$, $[Ru(CN)_6]^{4-} \rightarrow$
$[Mo(CN)_8]^{4-}$	254 nm (CTTS)	Oxidation	$*[Mo(CN)_8]^{4-} \rightarrow$
$[W(CN)_8]^{4-}$	254 nm (CTTS)	Oxidation	$*[W(CN)_8]^{4-} \rightarrow$
$[PtCl_4]^{2-}$	254 nm (LMCT)	Aquotisierung	$*[PtCl_4]^{2-} \rightarrow$
	404 nm (LF)	Aquotisierung	$*[PtCl_4]^{2-} \rightarrow$
cis-$[Pt(NH_3)_2Cl_2]$	350 nm (LF)	Aquotisierung	$*$cis-$[Pt(NH_3)_2Cl_2] \rightarrow$
cis-$[Pt(gly)_2]$	313 nm (LF)	Isomerisierung	$*$cis-$[Pt(gly)_2] \rightarrow$
$[PtCl_6]^{2-} + Cl^-$	230–320 nm (LMCT)	Ligandenaustausch	$*[PtCl_6]^{2-} + *Cl^- \rightarrow$

	Quantenausbeute
$[Fe(CN)_6]^{3-} + e^-_{aq}$	1,0
$[Fe(CN)_5H_2O]^{2-} + CN^-$	0,4
$[Fe(CN)_6]^{3-} + e^-_{aq}$	0,26
$[Fe(CN)_3(bipy)H_2O]^- + CN^-$	0,001
$Co^{2+} + \cdot NH_3^+ + 5\,NH_3$	0,16
$[Co(NH_3)_5H_2O]^{3+} + NH_3$	0,0054
$Co^{2+} + \cdot I + 6\,NH_3$	0,77
$[Co(CN)_5H_2O]^{2-} + CN^-$	0,31
$Co^{2+} + 2\,ox^{2-} + CO_2 + \cdot CO_2^-$	0,36[1]
$Co^{2+} + 2\,ox^{2-} + CO_2 + \cdot CO_2^-$ L-$[Co(ox)_3]^{3-}$	0,06[1] 0,02
$Co^{2+} + 6\,NH_3 + [Ru(CN)_6]^{3-}$	0,034
$[Mo(CN)_8]^{3-} + e^-_{aq}$	0,27
$[W(CN)_8]^{3-} + e^-_{aq}$	0,34
$[Pt(H_2O)\,Cl_3]^- + Cl^-$	0,90
$[Pt(H_2O)\,Cl_3]^- + Cl^-$	0,19
cis-$[Pt(NH_3)_2(H_2O)\,Cl]^+ + Cl^-$	0,40
trans-$[Pt(gly)_2]$	0,13
$[PtCl_5{*}Cl]^{2-} + Cl^-$	44–390

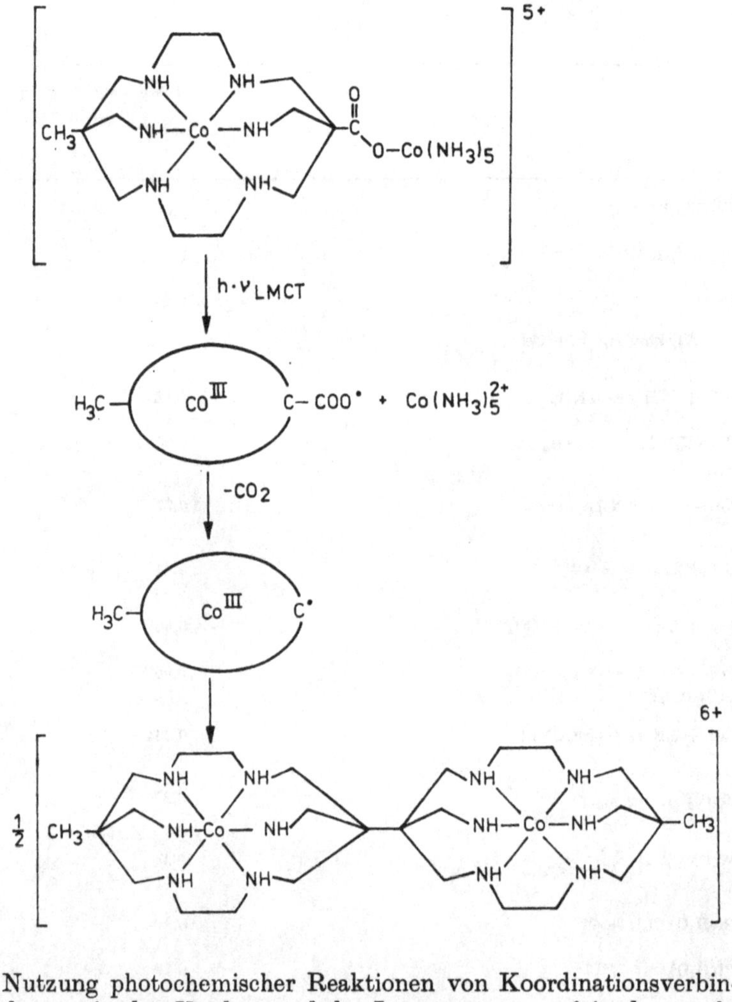

Nutzung photochemischer Reaktionen von Koordinationsverbindungen in den Vordergrund des Interesses, worauf in den nachfolgenden Abschnitten eingegangen werden soll.

4. Photokatalytische Reaktionen lichtempfindlicher Koordinationsverbindungen

Das Phänomen der Photokatalyse ist hinsichtlich der Definition und Interpretation nicht unumstritten, und es gibt Auffassungen, auf den Begriff „Photokatalyse" generell zu verzichten. Die folgenden Ausführungen sollen die Probleme verdeutlichen, die bei der Diskussion photokatalytischer Reaktionen zu berücksichtigen sind.

Nach PLOTNIKOW [72] ist jede durch Licht ausgelöste chemische Reaktion photokatalytisch.

BALZANI [73] bezeichnet kinetisch gehemmte exergonische Reaktionen zwischen zwei Partnern A und B, die durch Lichtanregung induziert werden als Photokatalyse. Nach BALZANI bewirkt Licht die Überwindung kinetischer Barrieren und spielt damit die Rolle eines Katalysators, wie schematisch in Abb. 4.1 dargestellt.

Andere Autoren [68, 69] folgen der OSTWALDschen Definition der Katalyse [74]: „*Endlich gibt es zahlreiche Stoffe, deren Zusatz bereits bei sehr geringen Mengen die Geschwindigkeit einer chemischen Reaktion ändert. In der Mehrzahl der Fälle beteiligen sich diese Stoffe insofern nicht am chemischen Vorgang, als man sie während desselben und auch nach demselben in praktisch unveränder-*

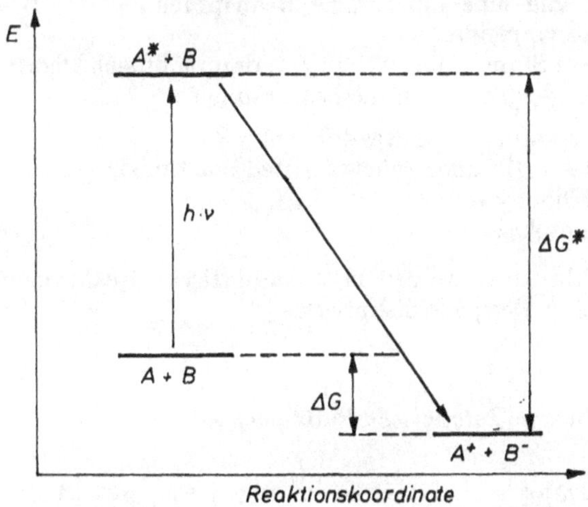

Abb. 4.1. Schematische Darstellung photokatalytischer Reaktionen nach BALZANI

ter Menge wiederfindet. Das schließt allerdings nicht aus, daß sie sich an der Reaktion beteiligen, sondern erfordert nur die Annahme, daß die Beteiligung vorübergehend ist, d. h., daß sich diese Stoffe ... aus den Reaktionsprodukten wieder in unverändertem Zustand freimachen."

Der klassischen Definition der Katalyse wurde der Vorzug gegeben, da sie sofort das Problem erkennen läßt: Photonen selbst können nicht als Katalysator betrachtet werden, da sie während der Reaktion „verbraucht", d. h. in Wärme umgewandelt werden. (Auch bei der der kinetischen Definition der Katalyse zugrunde liegenden Stöchiometrie der Reaktion spielen Photonen keine Rolle.) Andererseits ist aber tatsächlich eine Vielzahl von chemischen Reaktionen bekannt, die bei Zimmertemperatur langsam oder gar nicht ablaufen und durch Einstrahlung von Licht beträchtlich beschleunigt werden, wodurch der Bezug auf das Phänomen der Katalyse verständlich wird.

Eine mögliche einheitliche Betrachtung im Rahmen der heute als verbindlich anerkannten Definition der Katalyse nach OSTWALD, ergibt sich, wenn man photokatalytische Reaktionen auf solche begrenzt, die zu einer katalytischen Substratwandlung infolge photochemischer Katalysatorbildung oder photochemischer Anregung eines Katalysators führen. Dadurch ist es möglich, zwischen photochemischen und photokatalytischen Reaktionen zu unterscheiden und eine unzulässige Beanspruchung des Begriffes Katalyse zu vermeiden.

Wenn man diesen Standpunkt akzeptiert, dann läßt sich Photokatalyse auf die folgenden Grenzfälle beschränken:

1. photoinduzierte katalytische Reaktionen,
2. photoassistierte Reaktionen (photoassisted reactions),
3. sensibilisierte Photolyse,
4. katalysierte Photolyse.

Im folgenden Abschnitt werden photokatalytische Reaktionen anhand ausgewählter Beispiele diskutiert.

4.1. Photoinduzierte katalytische Reaktionen

Photoinduzierte katalytische Reaktionen fügen sich gut in das wohlvertraute Bild der Katalyse: Durch photochemische Erzeugung eines Katalysators kann eine nachfolgende thermische

Substratwandlungsreaktion katalysiert werden (88), (89):

$$[ML_n] \overset{h\cdot\nu}{\rightleftharpoons} K \tag{88}$$

$$A \xrightarrow{K} B \tag{89}$$

Als wohlbekanntes Beispiel einer photoinduziert katalytischen Reaktion mag der photographische Prozeß gelten: Der Katalysator, metallisches Silber, wird bei der Belichtung photochemisch erzeugt (Bildung des latenten Bildes) und katalysiert dann beim Entwicklungsprozeß die thermische Reduktion von weiterem Silberhalogenid im belichteten „Korn“ zu metallischem Silber (sog. Bildsilber) bei gleichzeitiger Oxidation des Entwicklers, s. Abb. 4.2.

Die Möglichkeiten zur Gestaltung photoinduzierter katalytischer Reaktionen auf der Basis lichtempfindlicher Koordinations- bzw. Organometallverbindungen sind, bedingt durch die mannigfachen Anregungsmöglichkeiten und die dadurch ausgelösten Primär- und Folgereaktionen, sehr vielfältig: Erzeugung von koordinativ ungesättigten Spezies, von katalytisch aktiven freien Liganden durch Photodissoziation bzw. -substitution und Bildung von katalytisch aktiven Spezies durch Photoredoxreaktionen.

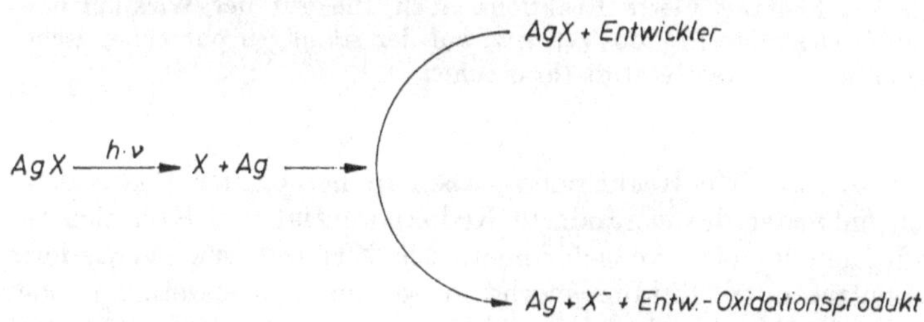

Abb. 4.2. Schema der Silberhalogenid-Photographie als Beispiel einer photoinduzierten katalytischen Reaktion.

Ausgewählte Reaktionsbeispiele (s. Abschn. 4.6. und 6.) belegen die Vielfalt photoinduzierter katalytischer Reaktionen und ihre Anwendungsmöglichkeiten.

4.2. *Photoassistierte Reaktionen*

Unter dem Grenzfall „photoassisted reactions“ werden, einem Vorschlag von WRIGHTON [75] folgend, Photoreaktionen zusammengefaßt, die dadurch gekennzeichnet sind, daß katalytische Substratwandlungen nur unter fortwährender Bestrahlung zu beobachten sind. Kontinuierliche Bestrahlung kann aus 2 Gründen erforderlich sein: Entweder der Metallkomplex reagiert nur im angeregten Zustand (Abb. 4.3) als Katalysator oder die Reaktion bedarf der ständigen photochemischen Neubildung des Katalysators. (Abb. 4.3)

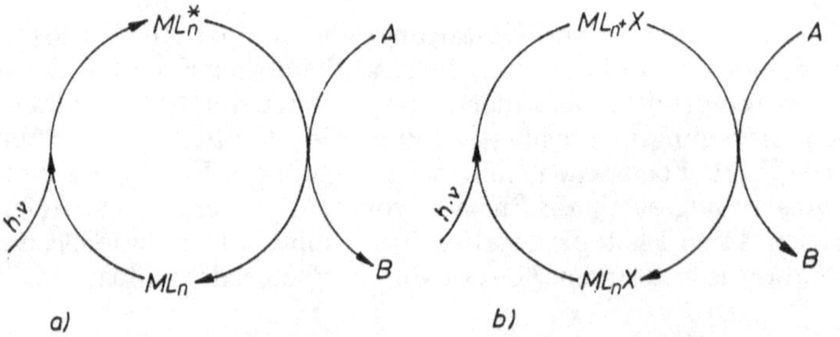

Abb. 4.3. Photoassistierte Reaktionszyklen, die auf der Wirkung elektronisch angeregter Spezies (a) bzw. auf der ständigen photochemischen Neubildung des Katalysators (b) beruhen.

Photoassistierte Reaktionen haben in homogener Phase demnach entweder das veränderte Redoxpotential von Komplexverbindungen im elektronisch angeregten Zustand bzw. veränderte Geometrie oder Bindungsverhältnisse zur Voraussetzung oder beruhen auf der katalytischen Aktivität koordinativ ungesättigter Spezies, die jedoch sehr schnell thermisch mit dem abgespaltenen Liganden X zur Ausgangsverbindung ML_nX rekombinieren.

Im Unterschied zu photoinduzierten katalytischen Reaktionen erfolgt daher bei photoassistierten Umsetzungen ein Abbruch der katalytischen Substratwandlung bei Abbruch der Bestrahlung (Abb. 4.4). Es handelt sich daher um lichtgesteuerte katalytische Reaktionen, deren Bruttoquantenausbeute Φ_{tot} den Wert von 1 nicht überschreiten kann, da durch ein Photon maximal nur ein Reaktionszyklus initiiert werden kann.

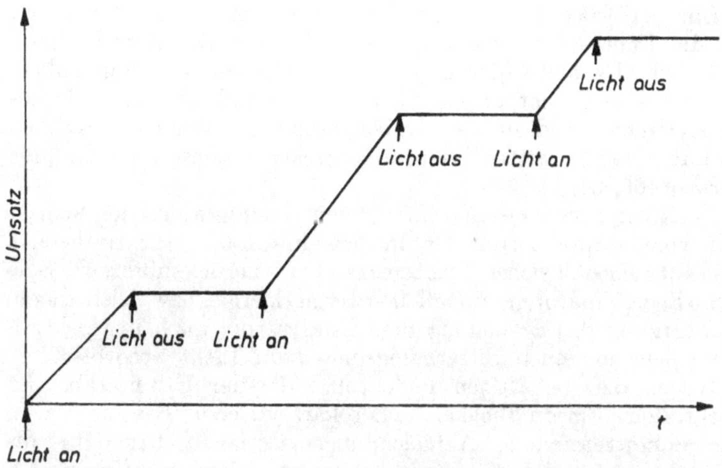

Abb. 4.4. Die Wirkung der Zu- und Abschaltung einer Lichtquelle auf den Reaktionsablauf idealer (d. h. ohne thermische Nebenreaktionen ablaufender) photoassisistierter Reaktionen.

4.3. *Sensibilisierte Photoreaktionen*

Es empfiehlt sich, solche Reaktionen unter den photokatalytischen gesondert zu berücksichtigen, die eines Sensibilisators zur Photoinitiierung katalytischer Prozesse bedürfen. Dabei ist der Sensibilisator S eine lichtstabile Verbindung, z. B. ein Farbstoff, die im elektronisch angeregten Zustand S* in der Lage ist, durch Elektronen- oder Energieübertragung auf eine Koordinationsverbindung den eigentlichen Katalysator zu erzeugen, der dann eine Substratwandlungsreaktion zu katalysieren vermag (s. Abb. 4.5).

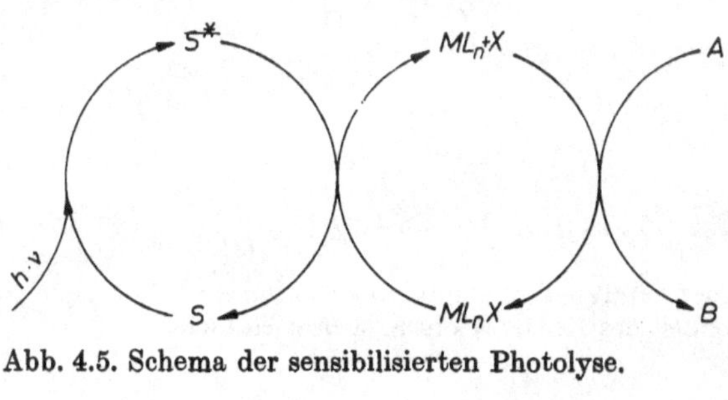

Abb. 4.5. Schema der sensibilisierten Photolyse.

Ein typisches Beispiel für eine sensibilisierte Photoreaktion ist die Photosynthese der grünen Pflanzen. Der Sensibilisator, Chlorophyll a und Chlorophyll b, überträgt die vom Sonnenlicht aufgenommene photonische Energie auf die Enzymkette, die die katalytische Wandlung von Kohlendioxid und Wasser in Kohlenhydrate und Sauerstoff in sehr komplexer Weise zu realisieren vermag [66, 67].

Auch die spektrale Empfindlichkeit photographischer Schichten vom ultravioletten bis in den infraroten Spektralbereich ist auf sensibilisierte Photoreaktionen zurückzuführen: Spezielle Sensibilisatoren ermöglichen durch Energie- bzw. Elektronenübertragung die Erzeugung des Katalysators auch in Spektralbereichen, in denen Silberhalogenide kein Licht absorbieren.

Wegen der vielfältigen Bedeutung, die der Erweiterung der spektralen Empfindlichkeit photokatalytischer Systeme z. B. für unkonventionelle Aufzeichnungsmaterialien bzw. für die Wandlung von Sonnenenergie zukommt, sollen wichtige photophysikalische und -chemische Grundlagen der Sensibilisierung in einem besonderen Kapitel dargestellt werden (s. Kap. 5).

4.4. *Katalysierte Photoreaktionen*

Katalysierte Photoreaktionen fügen sich problemlos in das Bild der Katalyse; die einzige Besonderheit beruht darauf, daß sich das Edukt A im elektronisch angeregten Zustand befindet (Abb. 4.6).

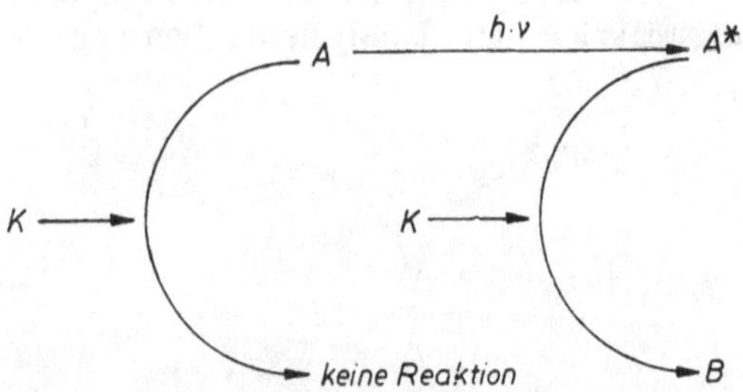

Abb. 4.6. Schema der katalysierten Photolyse; das Substrat A reagiert in Anwesenheit des Katalysators K thermisch nicht zum Produkt E.

Für den Ablauf katalysierter Photoreaktionen gelten die gleichen Gesetzmäßigkeiten wie für thermische katalytische Reaktionen, nur daß die speziellen Eigenschaften elektronisch angeregter Spezies zu berücksichtigen sind. Daher werden katalysierte Photoreaktionen keine weitere Berücksichtigung finden.

4.5. *Zusammenfassende Diskussion des Phänomens „Photokatalyse"*

Als photokatalytisch sollten nur solche Reaktionen bezeichnet werden, die dem heutigen Verständnis der Katalyse nicht widersprechen. Photokatalytische Reaktionen in homogener Phase beruhen demnach auf der photochemischen Erzeugung eines Katalysators, der entweder, einmal gebildet, über viele Zyklen ohne weitere Bestrahlung reagieren kann (photoinduzierte katalytische Reaktionen) oder auf Grund seiner Kurzlebigkeit der ständigen photochemischen Regenerierung bedarf (photoassistierte Reaktionen). Neben der direkten photochemischen Erzeugung des Katalysators ist die indirekte zu berücksichtigen, die die

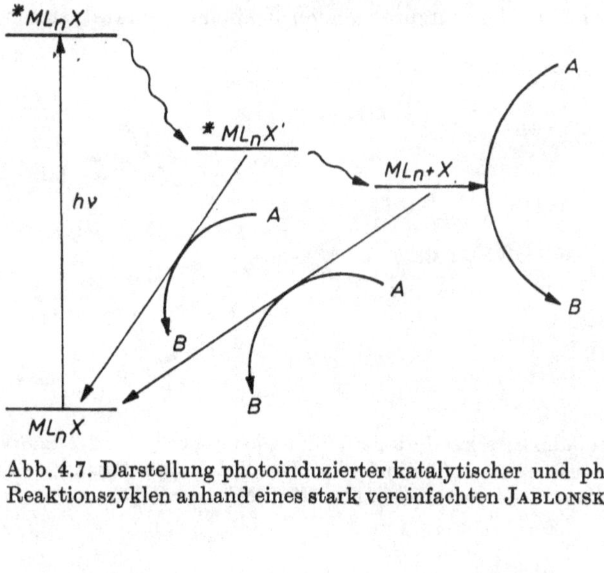

Abb. 4.7. Darstellung photoinduzierter katalytischer und photoassistierter Reaktionszyklen anhand eines stark vereinfachten JABLONSKI-Diagramms.

primäre elektronische Anregung eines Sensibilisators zur Voraussetzung hat (sensibilisierte Photoreaktionen). Elektronisch angeregte Substrate können in Gegenwart von Katalysatoren katalytischen Wandlungsreaktionen unterliegen (katalysierte Photolyse). Abbildung 4.7 verdeutlicht anhand eines vereinfachten JABLONSKI-Diagramms nochmals die Zusammenhänge.

4.6. *Beispiele für photoinduzierte katalytische Reaktionen*

Sowohl durch photochemische Erzeugung freier Liganden als auch durch Veränderung der formalen Oxidationszahlen von Koordinationsverbindungen bzw. durch die Erzeugung koordinativ ungesättigter Spezies lassen sich photoinduzierte katalytische Reaktionen initiieren.

Als Beispiel einer photoinduzierten katalytischen Reaktion, die auf der photochemischen Erzeugung freier Liganden beruht, mag das folgende gelten: Cyanometallate reagieren bei LF-Anregung unter Cyanidabspaltung, wobei Octacyanomolybdat(IV) eine besonders ergiebige Cyanidquelle ist, da, bedingt durch komplizierte thermische Folgereaktionen, die Quantenausbeute der Cyanidfreisetzung größer als 1 ist. Cyanid, der photochemisch erzeugte Katalysator, vermag die Dimerisierung von heterocyclischen Aldehyden zu den entsprechenden Endiolen zu katalysieren (Abb. 4.8):

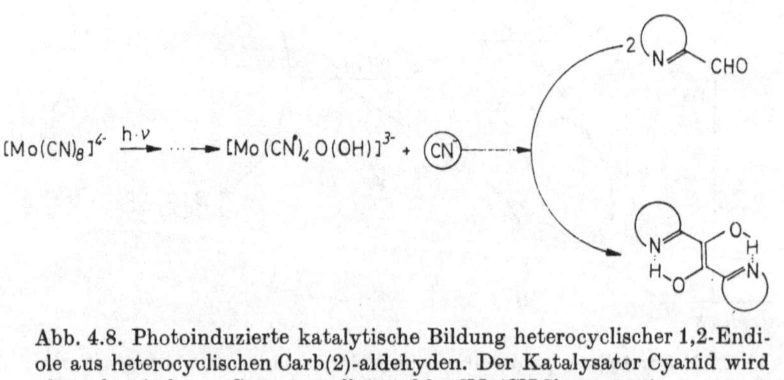

Abb. 4.8. Photoinduzierte katalytische Bildung heterocyclischer 1,2-Endiole aus heterocyclischen Carb(2)-aldehyden. Der Katalysator Cyanid wird photochemisch aus Cyanometallaten, hier $[Mo(CN_8]^{4-}$, erzeugt.

Die Reaktionswege stellen sich im einzelnen wie folgt dar: Die elektronische Anregung von *d—d*-Zuständen von Octacyanomolybdat(IV) ($\lambda^{irr} > 350$ nm) führt zu einer Photosubstitution von Cyanid, in wäßriger Lösung zur Photoaquotisierung (90):

$$[Mo(CN)_8]^{4-} \underset{}{\overset{h\cdot\nu}{\rightleftharpoons}} {}^*[Mo(CN)_8]^{4-} \xrightarrow[H_2O]{} [Mo(CN)_7H_2O]^{3-} + CN^- \quad (90)$$

Durch die Photosubstitution von Cyanid wird die antiprismatische Geometrie des 8fach koordinierten Komplexes so gestört, daß in komplizierten thermischen Folgereaktionen weiteres Cyanid abgespalten wird, bis sich ein stabiles Endprodukt der Koordinationszahl 6 bildet (91):

$$[Mo(CN)_7H_2O]^{3-} \xrightarrow[H_2O]{} \cdots \rightarrow \cdots \rightarrow [Mo(CN)_4O(OH)]^{3-} + 3\,CN^- \quad (91)$$

Die Konstitution des Endproduktes hängt vom pH-Wert der Lösung ab, so daß neben der genannten Form auch andere unterschiedlich protonierte Spezies gebildet werden können.

Von speziellem Interesse ist die durch den speziellen Mechanismus von Photo- und Thermofolgereaktion bedingte, hohe Effizienz der Katalysatorbildung. So vermag 1 Photon theoretisch die Bildung von 4 Cyanidionen aus einem Komplexmolekül zu bewirken; experimentell konnten Quantenausbeuten von annähernd 4 bestätigt werden. Damit ist eine wichtige Voraussetzung erfüllt, die insbesondere für eine mögliche Anwendung photoinduzierter katalytischer Reaktionen von speziellem Interesse sein kann: Der Katalysator (hier Cyanid) kann photoinduziert in vergleichsweise hoher Konzentration erzeugt werden.

Nach der photochemischen Erzeugung des Katalysators erfolgt thermisch die durch Cyanid katalysierte Bildung heterocyclischer 1,2-Endiole aus entsprechenden Carb(2)-aldehyden.

Die photoinduzierte katalytische Bildung von heterocyclischen Endiolen ist von applikativer Bedeutung (s. Abschn. 6.2.): Heterocyclische Endiole unterscheiden sich in ihren Eigenschaften beträchtlich von denen der Ausgangsverbindungen [76]. Sie gehören zur Stoffklasse der Reduktone und sind im Vergleich zu den entsprechenden Aldehyden starke Reduktionsmittel (92):

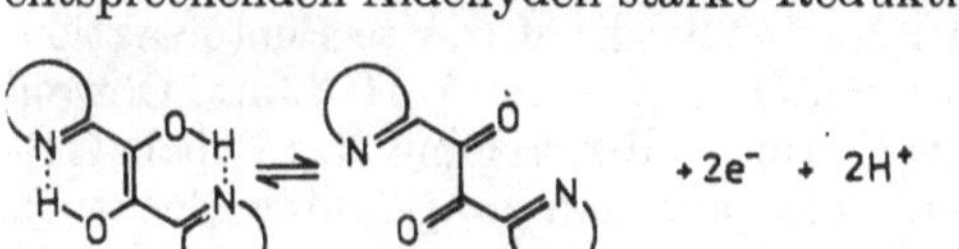

(92)

Die Oxidationsreaktion verläuft in Einelektronenschritten; intermediär gebildete Semidionradikale können experimentell nachgewiesen werden. Das Standardelektrodenpotential Endiol/Diketon kann in Abhängigkeit vom gewählten heterocyclischen Substituenten variiert werden.

Das Grundgerüst heterocyclischer Endiole ist durch eine symmetrische Anordnung von 2 Donor- und Akzeptorgruppen um eine C—C-Doppelbindung gekennzeichnet (93):

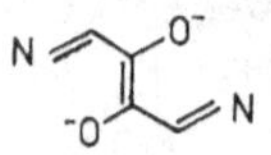

(93)

Diese Anordnung entspricht dem Grundchromophor indigoider Verbindungen. Damit wird die photoinduzierte katalytische Bildung von pseudo-indigoiden Farbstoffen aus nichtfarbigen Verbindungen (heterocyclische Aldehyde) ermöglicht. Die Lage des Absorptionsmaximums dieser Verbindungen hängt gesetzmäßig vom Akzeptorvermögen der heterocyclischen Substituenten ab, wodurch in bestimmten Grenzen eine Palette unterschiedlich absorbierender Farbstoffe erzeugt werden kann.

Schließlich unterscheiden sich heterocyclische Endiole von ihren Ausgangsverbindungen durch ihre Chelatbildnereigenschaften, wodurch u. a. die Bildung von Polymerchelaten mit verschiedenen Übergangsmetallionen ermöglicht wird (94):

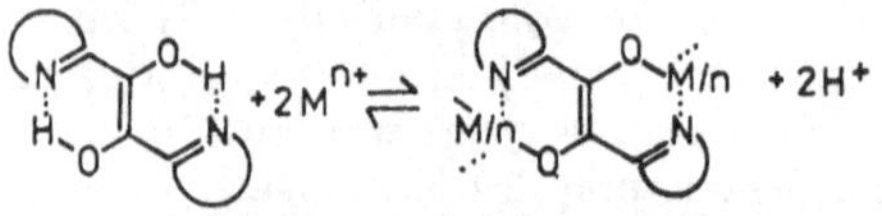

(94)

Ein Beispiel für photoinduzierte katalytische Reaktionen, die auf der photochemischen Veränderung der formalen Oxidationszahl von Koordinationsverbindungen beruhen, wurde von Nakashima und Kida vorgestellt: Das photokatalytische System basiert auf einer Photoreaktion von Tris(ethylendiamin)cobalt(III) in Gegenwart von Bis(hydroxymethyl)dithiocarbamat (htc$^-$). Bei Bestrahlung von Lösungen von $[Co(en)_3]^{3+}$ und htc$^-$ ($\lambda^{irr} \sim 450$ nm) beobachteten die Autoren eine sehr effiziente Photoreaktion, die mit Bruttoquantenausbeuten $\Phi > 1$ zu Co(II) führt. Obwohl die Autoren diese Reaktion auf d—d-Anregung des Cobalt(III)-Komplexes zurückführen, folgt aus den mitgeteilten Spektren, daß $[Co(en)_3]^{3+}$ und htc$^-$ Ionenpaare bilden, die durch Ionenpaar-Charge-Transfer-(IPCT-)Verhalten gekennzeichnet sind (s. a. 5.2.1.). Danach ist die Photoredoxreaktion auf die Anregung von IPCT-Zuständen zurückzuführen und fügt sich damit in die vertraute Vorstellung von CT-Anregung und dadurch verursachter Redoxreaktion (95):

$$\{[Co(en)_3]^{3+};\ htc^-\} \underset{}{\overset{h\nu_{IPCT}}{\rightleftharpoons}} [Co(en)_3]^{2+} + htc^{\cdot} \qquad (95)$$

Im Unterschied zu Cobalt(III)-Komplexen sind Cobalt(II)ammine kinetisch labil und $[Co(en)_3]^{2+}$ unterliegt in Gegenwart von überschüssigem htc^- thermischen Ligandenaustauschreaktionen (96):

$$[Co(en)_3]^{2+} + 3\ htc^- \rightarrow [Co(htc)_3]^- + 3\ en \qquad (96)$$

Tris(dithiocarbamato)cobalt(III) ist ein stärkeres Reduktionsmittel als $[Co(en)_3]^{2+}$ und vermag thermisch weiteres Tris(ethylendiamin)cobalt(III) zu reduzieren (97):

$$[Co(en)_3]^{3+} + [Co(htc)_3]^- \rightarrow [Co(en)_3]^{2+} + [Co(htc)_3] \qquad (97)$$

Damit ergibt sich folgendes Reaktionsschema für den Ablauf der photoinduziert katalytischen Reaktion: Photochemisch gebildetes $[Co(en)_3]^{2+}$ wirkt als thermischer Katalysator, bzw. als Kettenüberträger, der in einer nachfolgenden Dunkelreaktion die Bildung von $[Co(htc)_3]^-$ bewirkt, wobei die Bruttoquantenausbeuten Φ_{tot} der Gesamtreaktion bezogen auf die Bildung von

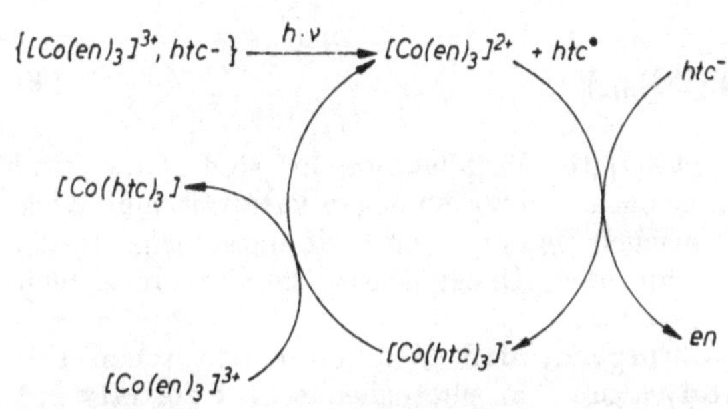

Abb. 4.9. Photoinduzierte katalytische Bildung von Tris(hydroxymethyldithiocarbamato)cobalt(III), $[Co(htc)_3]$, aus Tris(ethylendiamin)cobalt (III), $[Co(en)_3]^{3+}$; als photochemisch erzeugter Katalysator wirkt Tris(ethylendiamin)cobalt(II), $[Co(en)_3]^{2+}$.

$[Co(htc)_3]$ bzw. auf die Abnahme von $[Co(en)_3]^{3+}$ größer als 1 ist. Das Reaktionsschema in Abb. 4.9 faßt die Details der photoinduzierten katalytischen Reaktion zusammen.

Hervorzuheben ist bei diesem photokatalytischen Zyklus die photochemische Änderung der formalen Oxidationszahl des Zentralmetalls einer Koordinationsverbindung ($Co^{III} \rightarrow Co^{II}$) als Ursache für den katalytischen Reaktionsablauf. Hohe Zyklenzahlen und ungewöhnliche IPCT-Anregung sind weitere interessante Aspekte dieser photoinduzierten katalytischen Reaktion.

Neben der photochemischen Erzeugung von freien Liganden, von Komplexverbindungen mit veränderter formaler Oxidationszahl des Zentralmetalls (bzw. auch von freien Liganden mit verändertem Oxidationszustand, z. B. htc· oder andere Ligandenradikale) verdient die photochemische Bildung koordinativ ungesättigter Spezies besondere Beachtung, da ihre kontrollierte Erzeugung unmittelbar in das Gebiet der homogenen Komplexkatalyse hineinreicht (s. a. Abschn. 6.1.).

Unter den Verbindungen, die die photochemische Erzeugung von koordinativ ungesättigten Spezies ermöglichen, spielen Metallcarbonyle sowie substituierte Carbonyle und bestimmte metallorganische Verbindungen eine ganz herausragende Rölle.

Von Metallcarbonylen ist bereits seit langem bekannt, daß sie photochemisch unter CO-Abspaltung bzw. bei Mehrkerncarbonylen unter photochemischer M—M-Bindungsspaltung zu koordinativ ungesättigten Spezies reagieren (98), (99):

$$[M(CO)_n] \xrightleftharpoons{h\cdot\nu} [M(CO)_{n-x}] + x\,CO \qquad (98)$$

$$[M_n(CO)_m] \xrightleftharpoons{h\cdot\nu} n\,[M(CO)_{m/n}] \qquad (99)$$

Koordinativ ungesättigte Metallcarbonyle sind katalytisch hochreaktiv und hinsichtlich ihrer homogen-katalytischen Wirksamkeit unter thermischen Bedingungen breit untersucht worden [77, 78]. Sie haben mit der „Oxosynthese“ bereits breite technische Anwendung gefunden.

Daher war es naheliegend, daß Metallcarbonyle schon sehr frühzeitig als Katalysatoren in photochemische Substratwandlungsreaktionen einbezogen wurden. Seit den Untersuchungen von STROHMEYER [79] haben insbesondere die Arbeiten von WRIGHTON [80] und TURNER [81] wesentlich zur Aufklärung der Mechanismen von photoinduzierten Substratwandlungsreaktionen in Gegenwart von Metallcarbonylen beigetragen, wobei die Anwendung der Matrix-Isolationstechnik erstmalig zur exakten Identifizierung reaktiver Intermediate beitrug.

Der folgende photoinduzierte katalytische Zyklus wurde von WRIGHTON mitgeteilt und betrifft die Isomerisierung von Penten(1) zu Penten(2) in Gegenwart von $[Fe(CO)_5]$ bzw. $[Fe_3(CO)_{12}]$ (Abb. 4.10):

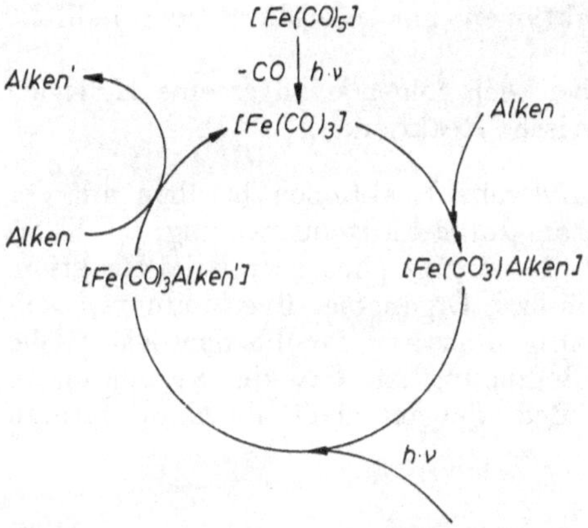

Abb. 4.10. Die Wirkung von Eisenpentacarbonyl, $[Fe(CO)_5]$, als photokatalytisch aktive Spezies zur Isomerisierung von Alken zu Alken'.

Detaillierte mechanistische Untersuchungen bestätigen die photochemische Erzeugung des Katalysators durch Photodissoziation von CO. Die eigentliche katalytisch reaktive, koordinativ ungesättigte Spezies konnte als $[Fe(CO)_3$ (Alken)] identifiziert werden: Koordinativ ungesättigtes $[Fe(CO)_4]$ kommt als Katalysator nicht in Frage, da es zu $[Fe(CO)_4$ (Alken)] reagiert, das thermisch nicht als Isomerisierungskatalysator wirkt. Im Gegenteil scheint die Bildung dieser Spezies die photoinduzierte katalytische Substratwandlung zu limitieren. Tieftemperaturphotolyse von $[Fe(CO)_5]$ bei 77 K in Penten(1) führt zunächst zur Bildung von $[Fe(CO)_4$ (penten-1)]; weitere Bestrahlung bewirkt die Abspaltung des nächsten CO-Liganden. Abbruch der Bestrahlung und Aufheizung der Reaktionsmischung auf 298 K führt zu effizienter Isomerisierung von Penten(1) zu Penten(2) bei gleichzeitiger Bildung von katalytisch inaktivem $[Fe(CO)_4$(penten-1)].

Für die Pentenisomerisierung konnten Bruttoquantenausbeuten von $10 - 10^2$ und Zyklenzahlen von 10^3/min gefunden werden. Damit wird eine katalytische Aktivität nachgewiesen, die die thermische Reaktion unter gleichen Bedingungen um ein Vielfaches übersteigt.

Die photochemische Reaktionsführung bei beliebig niedrigen Temperaturen eröffnet neue Möglichkeiten zum experimentellen Nachweis reaktiver Intermediate, wie sie bisher für thermische homogen-katalytische Reaktionen nur postuliert oder indirekt nachgewiesen worden sind.

Zusammenfassend ergeben sich folgende allgemeine Kriterien für photoinduzierte katalytische Reaktionen:

1. Photoinduzierte katalytische Reaktionen beruhen auf der Erzeugung eines Katalysators durch Lichteinstrahlung; die Katalysatorbildung ist zugleich die einzige photochemische Reaktion. Koordinationsverbindungen bzw. Organometallverbindungen weisen vorteilhafte Precursor-Eigenschaften für die photochemische Katalysatorbildung auf; Bedingung ist, daß die Verbindungen selbst unter thermischen Bedingungen nicht als Katalysatoren wirken (100), (101):

$$\mathrm{A} \xrightarrow[\,[\mathrm{ML}_n]\,]{k \cdot T} \text{keine Reaktion} \tag{100}$$

$$\mathrm{A} \xrightarrow[\mathrm{ML}_n]{h \cdot \nu} \mathrm{B} \tag{101}$$

Alle gesetzmäßigen Zusammenhänge der thermischen Katalyse sind auf photoinduzierte katalytische Reaktionen übertragbar, da die Lichteinwirkung nur die Katalysatorbildung betrifft. Hohe Bruttoquantenausbeuten der Katalysatorbildung sind für bestimmte Applikationen von speziellem Interesse.

2. Der photochemisch gebildete Katalysator greift in eine thermische Folgereaktion ein und bewirkt die eigentliche katalytische Substratwandlung, die in Abhängigkeit von der Stabilität des erzeugten Katalysators zeitlich (und auch örtlich) völlig getrennt von der photochemischen Reaktion erfolgen kann. Unter applikativem Gesichtspunkt ist die Möglichkeit der Übertragung homogener photoinduziert-katalytischer Reaktionen in feste bzw. halbfeste Bindemittelschichten hervorzuheben.

3. Durch Auswahl der Bestrahlungswellenlänge kann eine

Reaktionssteuerung erreicht werden, da durch unterschiedliche Anregung (LF, CT, IL) die Art der katalytisch reaktiven Spezies in gewissem Umfang ausgewählt werden kann. Diese Möglichkeit kann allerdings dadurch eingeschränkt sein, daß aus dem eigentlichen angeregten Zustand eine Desaktivierung in andere reaktive Zustände erfolgen kann.

4. Die Beurteilung der katalytischen Aktivität photochemisch erzeugter Katalysatoren erfolgt durch die Bestimmung der Zyklenzahl N (turnover number), die die Konzentration des gebildeten Produktes B in Abhängigkeit von der Reaktionszeit t und bei konstanter Katalysatorkonzentration $[K]_0$ berücksichtigt (102):

$$N = \frac{\Delta[B]}{\Delta t \cdot [K]_0} \qquad (102)$$

Vereinfachend wird oft unter Zyklenzahl die Anzahl von Elementarreaktionen (Zyklen) verstanden, die durch einen Katalysator initiiert wird. Hohe Zyklenzahlen entsprechen dann sehr effizienten katalytischen Reaktionen, wie sie für bestimmte Anwendungen erforderlich sind.

In erster Näherung können auch die Bruttoquantenausbeuten Φ_{tot} der Produktbildung als Maß für die Effizienz photoinduzierter katalytischer Reaktionen herangezogen werden. Quantenausbeuten $\Phi_{tot} \gg 1$ sind ein wichtiger Hinweis auf hohe katalytische Zyklenzahlen. Bruttoquantenausbeuten der Produktbildung von $\Phi_{tot} > 1$ können nur bei photoinduziert katalytischen Reaktionen beobachtet werden, bzw. bei sensibilisierten Photoreaktionen.

4.7. *Beispiele für photoassistierte Reaktionen*

Das Wirkprinzip photoassistierter Reaktionen beruht auf der katalytischen Aktivität von Koordinationsverbindungen bzw. Metallorganylen im elektronisch angeregten Zustand oder von kurzlebigen Spezies, die nach der photochemischen Erzeugung sehr schnell wieder zur Ausgangsverbindung rekombinieren können. Diese Besonderheiten photoassistierter Reaktionen sollen anhand einiger ausgewählter Reaktionsbeispiele demonstriert werden.

Ein Beispiel einer photoassistierten Reaktion besteht in der Lichtempfindlichkeit von Chromsäureestern, die bereits 1919 von Plotnikow beschrieben wurde.

In Abhängigkeit vom pH-Wert reagiert Chromat(VI) mit Alkoholen unter Esterbildung (103):

$$2\,ROH + CrO_4^{--} \underset{}{\overset{+H^+}{\rightleftharpoons}} ROCrO_3^- + H_2O + ROH$$
$$\overset{+H^+}{\rightleftharpoons} (RO)_2CrO_2 + H_2O \qquad (103)$$

Für die photochemische Primärreaktion von Chromsäureestern galt bisher die Bildung von Chromium(IV) und Carbonylverbindungen als zutreffend (104):

$$RCH_2OCrO_3^- \overset{h\cdot\nu}{\rightleftharpoons} {}^*[RCH_2OCrO_3^-] \rightarrow RCHO + Cr(IV) \qquad (104)$$

Die Photolyse von Chromsäurehalbestern ($ROCrO_3^-$) in Gegenwart von ausgewählten WERNER-Komplexen, wie z. B. $[Co(NH_3)_5(H_2O)]^{3+}$, $[(phen)_2(H_2O)Fe{-}O{-}Fe(H_2O)(phen)_2]^{4+}$ oder $[Cu(dmch)_2]^{2+}$, führt zu dem überraschenden Ergebnis, daß bei Einstrahlung in die Absorptionsfenster von $ROCrO_3^-$ mit vergleichsweise hohen Bruttoquantenausbeuten Cobalt(II)-, Cu(I)-, bzw. Eisen(II)-Verbindungen gebildet werden, während die Quantenausbeute der Chromium(III)-Bildung verringert wird. Detaillierte mechanistische Untersuchungen zeigten, daß die Ursache für diesen unerwarteten Reaktionsablauf auf die primäre photochemische Bildung von Chromium(V) — entgegen der bisher vorherrschenden Interpretation (104) — beruht (105):

$$ROCrO_3^- \overset{h\cdot\nu}{\rightleftharpoons} {}^*ROCrO_3^- \rightarrow \overline{RO^{\cdot}.CrO_3^-} \rightarrow \cdots \qquad (105)$$

Koordinationsverbindungen mit freien Koordinationsstellen bzw. mit koordiniertem Wasser, wie z. B. die genannten Cobalt(III)-, Eisen(III)- und Kupfer(II)-Komplexe, vermögen als sehr reaktive Fänger für Chromium(V) im Radikalpaar $\overline{RO^{\cdot}.CrO_3^-}$ zu reagieren. Dabei werden sie zu den entsprechenden Cobalt(II)-, Eisen(II)- bzw. Kupfer(I)-Komplexen reduziert, während Chromium(V) zu Chromat(VI) oxidiert wird. Voraussetzung für den Ablauf dieser Fängerreaktion sind neben geeigneten Redoxpotentialen der als Fänger verwendeten Koordinationsverbindungen vor allem deren Fähigkeit in Bindungswechselwirkung mit Chromium(V) im Radikalpaar zu treten (z. B. über koordiniertes Wasser oder über vorhandene Koordinationslücken) (106).

$$\overline{RO^{\cdot}.CrO_3^-} + [(H_2O)Co(NH_3)_5]^{3+} \rightarrow CrO_4^{--} + RO^{\cdot}$$
$$+ Co^{2+}_{aq} + 5\,NH_3 \qquad (106)$$

Diese Teilreaktionen fügen sich zu einem photoassistierten Reaktionszyklus, der alle wesentlichen Reaktionsmerkmale photoassistierter Reaktionen, die auf kurzlebigen Intermediaten beruhen, verdeutlicht (s. Abb. 4.11):

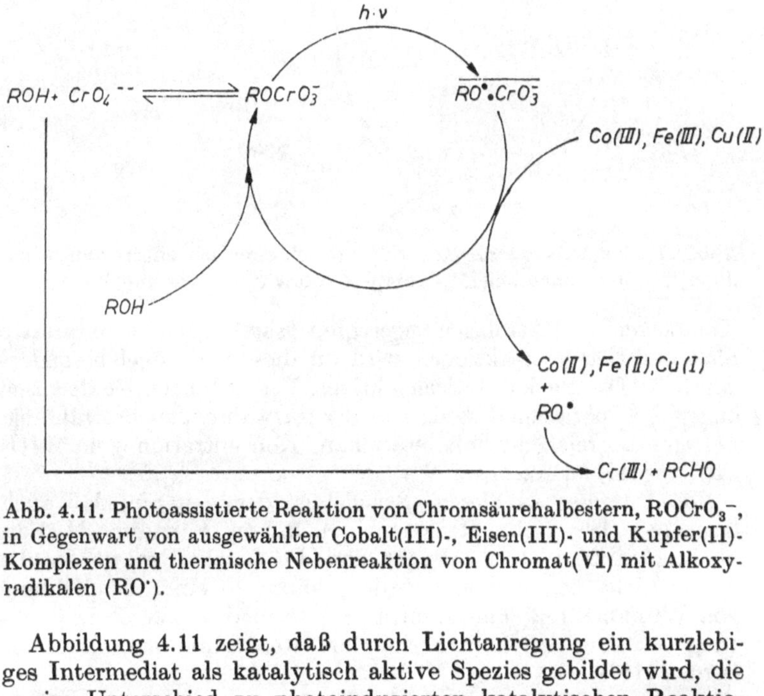

Abb. 4.11. Photoassistierte Reaktion von Chromsäurehalbestern, $ROCrO_3^-$, in Gegenwart von ausgewählten Cobalt(III)-, Eisen(III)- und Kupfer(II)-Komplexen und thermische Nebenreaktion von Chromat(VI) mit Alkoxyradikalen (RO˙).

Abbildung 4.11 zeigt, daß durch Lichtanregung ein kurzlebiges Intermediat als katalytisch aktive Spezies gebildet wird, die -- im Unterschied zu photoinduzierten katalytischen Reaktionen — zu ihrer Regenerierung der ständigen Bestrahlung bedarf. Des weiteren wird ersichtlich, daß Nebenreaktionen (hier die thermische Reaktion von photochemisch gebildeten RO˙-Radikalen mit CrO_4^{--}) mit dem photoassistierten Reaktionszyklus in Konkurrenz treten können.

Ein eindrucksvolles Beispiel für einen photoassistierten Reaktionszyklus, der unter Beteiligung elektronisch angeregter Zustände von Koordinationsverbindungen verläuft, wurde von Shilov (s. [69]) vorgestellt (Abb. 4.12):

Dieser photoassistierte Reaktionszyklus (Abb. 4.12) beruht auf der gesetzmäßigen Änderung der Oxidationspotentiale bzw. Reduktionspotentiale von Vanadium(II)- bzw. Vanadium(III)-

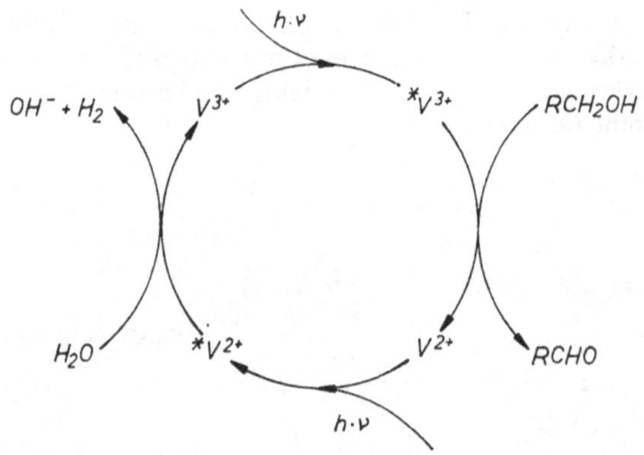

Abb. 4.12. Photoassistierte Reaktion von elektronisch angeregten Vanadium(II)- und Vanadium(III)-Komplexen mit Alkoholen und Wasser.

Komplexen im elektronisch angeregten Zustand. Das Grundprinzip photoassistierter Reaktionen wird an diesem Beispiel besonders deutlich: Da die katalytisch aktiven Verbindungen elektronisch angeregte Spezies sind, bedarf es der fortwährenden Bestrahlung, um eine ausreichend hohe stationäre Konzentration von *V(II) bzw. *V(III) zu erzeugen.

Von Interesse an diesem Beispiel ist des weiteren, daß auch langsame thermische Reaktionen z. B. von Vanadium(II)-Verbindungen mit Wasser bekannt sind. Für solche Reaktionen, die durch Licht beschleunigt werden, kann — einer Empfehlung von Wubbels [82] und Albini [83] folgend — die Beschleunigung im Vergleich zur thermischen Reaktion kinetisch erfaßt werden (107):

$$\Phi_r = \eta \left(\frac{k_r \cdot [C] + k_r}{k_d + k_r{}^0[C] + k_r} \right) \qquad (107)$$

Die katalytische Wirksamkeit wird in Form von Geschwindigkeitskonstanten wiedergegeben ($k_r{}^0[C]/k_r$) und die Reaktionsquantenausbeute Φ_r drückt die meßbare Zunahme der Geschwindigkeit der Produktbildung in Abhängigkeit von der Bestrahlungszeit aus. Dabei gilt k_r als Geschwindigkeitskonstante der photochemischen Reaktion, $k_r{}^0[C]$ entspricht der Geschwindigkeit der entsprechenden thermischen Reaktion, η steht für die Effizienz der Bildung des reaktiven, elektronisch angeregten Zustandes, k_d ist die Geschwindigkeitskonstante aller übrigen Desaktivierungsprozesse des betrachteten elektronisch angeregten Zustandes.

Als weiteres Beispiel für eine photoassistierte Reaktion, die auf der ständigen Rückbildung der photoaktiven Koordinationsverbindung durch eine thermische Nebenreaktion beruht, wurde die photoassistierte Bildung von Wasserstoffperoxid durch photochemische Anregung eines Oxo-alkoxo(tetraphenylporphinato)-molybdän(V)-Komplexes ($OMo(TPP)OCH_3$; TPP = Tetraphenylporphyrin) ausgewählt (s. Abb. 4.13).

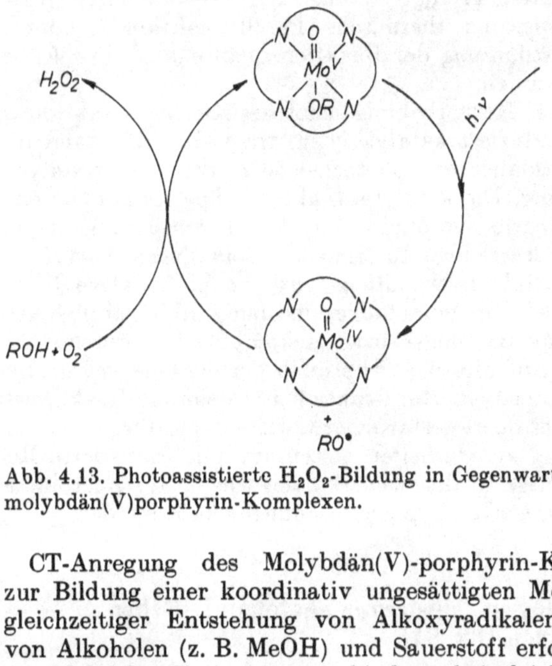

Abb. 4.13. Photoassistierte H_2O_2-Bildung in Gegenwart von Oxo(alkoxo)-molybdän(V)porphyrin-Komplexen.

CT-Anregung des Molybdän(V)-porphyrin-Komplexes führt zur Bildung einer koordinativ ungesättigten Mo(IV)-Spezies bei gleichzeitiger Entstehung von Alkoxyradikalen. In Gegenwart von Alkoholen (z. B. MeOH) und Sauerstoff erfolgt Rückbildung der Molybdän(V)-Ausgangsverbindung bei gleichzeitiger Bildung von H_2O_2 und von Carbonylverbindungen, die ihren Ursprung in der Oxidation der Alkoxyradikale haben. Damit kann der photoassistierte Reaktionszyklus (Abb. 4.13) erneut durch wiederholte Lichteinstrahlung gestartet werden.

Auch dieses Reaktionsbeispiel verdeutlicht das Grundprinzip photoassistierter Reaktionen, das auf der Notwendigkeit ständiger Lichteinstrahlung einerseits und der chemischen Rückbildung der photoaktiven Koordinationsverbindungen andererseits beruht.

Die allgemeinen Kriterien photoassistierter Reaktionen können damit wie folgt zusammengefaßt werden:

1. Der Ablauf photoassistierter Reaktionen erfordert, im Unterschied zu photoinduzierten katalytischen Reaktionen, die ständige Lichteinstrahlung. Abbruch der Bestrahlung bedeutet Reaktionsstillstand bzw. deutliche Verlangsamung der Substratwandlung. Im Unterschied zu photoinduzierten katalytischen Reaktionen kann daher die Bruttoquantenausbeute Φ_{tot} der katalysierten Produktbildung den Wert 1 nicht überschreiten; langsame thermische Parallelreaktionen können durch die Bestimmung der Reaktionsquantenausbeute Φ_r berücksichtigt werden.
2. Die besondere Hervorhebung photoassistierter Reaktionen, neben photoinduziert katalytischen, trägt dem Umstand der kurzen Lebensdauer der photochemisch erzeugten Katalysatoren Rechnung. Die katalytisch aktiven Spezies können entweder Koordinationsverbindungen im elektronisch angeregten Zustand oder kurzlebige Intermediate sein. Nach Ablauf der katalytischen Substratwandlung wird die photoaktive Koordinations- bzw. Organometallverbindung durch parallel verlaufende Desaktivierungs- bzw. Rekombinationsprozesse zurückgebildet. Auf diesem Wirkprinzip beruht eine weitere Besonderheit photoassistierter Reaktionen: Chemische Reaktionen können lichtgesteuert gestartet bzw. abgebrochen werden.
3. Neben diesen Besonderheiten gelten für photoassistierte Reaktionen wichtige Reaktionsmerkmale, wie sie für photoinduzierte katalytische Reaktionen zusammengefaßt wurden.

5. Spektrale Sensibilisierung photokatalytischer Reaktionen [69, 84]

Aus den einleitenden Betrachtungen zum photochemischen Verhalten von Koordinationsverbindungen folgt, daß die Initiierung photoinduzierter katalytischer oder photoassistierter Reaktionen unmittelbar mit der Erzeugung elektronisch angeregter Zustände verbunden ist, die die Einstrahlung in zumeist ziemlich eng begrenzte Spektralbereiche (bedingt durch die Lage der Absorptionsbanden der jeweiligen Koordinationsverbindungen) zur Voraussetzung haben. Die Begrenzung auf bestimmte Spektralbereiche (z. B. CT- oder LF-Anregung) limitiert die Anwendung photokatalytischer Reaktionen z. B. für die Wandlung von Sonnenenergie oder für unkonventionelle Aufzeichnungsmaterialien beträchtlich, da man hier an einer möglichst breiten Nutzung der Energie des gesamten Sonnenspektrums interessiert oder im Falle photographischer Informationsaufzeichnung auf eine Registrierung aller Farbeindrücke und für Spezialfälle auch auf eine Lichtempfindlichkeit im infraroten Spektralgebiet angewiesen ist. Der Ausdehnung der Lichtempfindlichkeit, photokatalytischer Systeme auf ein breiteres Spektralgebiet, als es durch die Eigenabsorption der lichtempfindlichen und photokatalytisch aktiven Koordinationsverbindungen gegeben ist, dient die spektrale Sensibilisierung. Damit ist auch der enge Zusammenhang zwischen spektraler Sensibilisierung und sensibilisierten Photoreaktionen (s. Abschn. 4.3.) gegeben.

Die spektrale Sensibilisierung photoinduzierter katalytischer oder photoassistierter Reaktionen erfolgt durch die Vermittlung von Sensibilisatoren S. Dadurch wird formal betrachtet die Lichtempfindlichkeit der jeweils interessierenden Koordinations- bzw. Organometallverbindungen auf Spektralbereiche ausgedehnt, deren Energie $h \cdot \nu_{sens}$ bei Abwesenheit des Sensibilisators S nicht in der Lage ist Photoreaktionen zu initiieren (108), (109):

$$[ML_n] \xrightarrow{h \cdot \nu_{sens}} \text{keine Photoreaktion} \quad (108)$$

$$[ML_n] + S \xrightarrow{h \cdot \nu_{sens}} \text{Photoreaktion} \quad (109)$$

$$h \cdot \nu_{sens} < h \cdot \nu_{ML_n} \quad (110)$$

Dabei gilt hier für „Photoreaktion“ die spektral sensibilisierte Erzeugung eines Katalysators bzw. Initiierung einer photoassistierten Reaktion. Unter diesem Gesichtspunkt sind insbesondere solche spektral sensibilisierten Systeme von Interesse, die die Auslösung von photokatalytischen Reaktionszyklen durch Einstrahlung von Licht der Wellenlänge λ_{sens} $(h \cdot \nu_{sens})$ gestatten, die im Vergleich zur Eigenphotoempfindlichkeit der Koordinationsverbindung $(h \cdot \nu_{ML_n})$ deutlich langwelliger ist (110).

5.1. *Sensibilisierungsmodelle und ihre Anwendung auf photokatalytische Reaktionen* [21, 69, 84]

Spektral sensibilisierte Reaktionen von Koordinationsverbindungen können anhand des folgenden Reaktionsschemas (111) beschrieben werden:

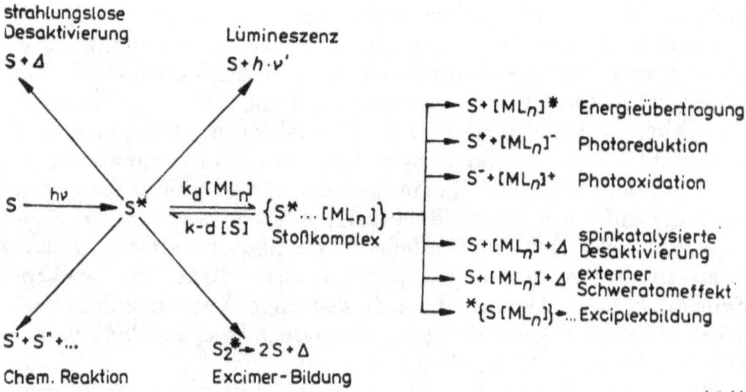

(111)

Der Sensibilisator S wird durch Licht entsprechender Energie elektronisch angeregt (Bildung von *S). Der angeregte Sensibilisator *S unterliegt einer Reihe von Desaktivierungsprozessen wie strahlungslose Desaktivierung, Lumineszenz, photochemische Nebenreaktionen von *S (z. B. Photoausbleichung des Sensibilisators) bzw. Selbstlöschung. Diese Desaktivierungsprozesse konkurrieren mit der Bildung des Stoßkomplexes zwischen *S und der Koordinationsverbindung $[ML_n]$, die die Voraussetzung für eine effiziente spektrale Sensibilisierung ist. Durch die Wechselwirkung zwischen elektronisch angeregtem Sensibilisator *S und der Koordinationsverbindung $[ML_n]$ im Grundzustand ergeben sich eine Reihe weiterer Desaktivierungsprozesse, die als Löschvorgänge bezeichnet werden. Unter den im Schema (111) angeführten Löschprozessen sind neben der spinkatalysierten Desaktivierung, dem äußeren Schweratomeffekt und der Exciplexbildung (die im Falle der Verwendung von Koordinationsverbindungen als Löscher vernachlässigt werden kann), Energie- und Elektronenübertragung zwischen *S und $[ML_n]$ von ganz speziellem Interesse: Die Löschung des elektronisch angeregten Sensibilisators *S durch Elektronen- bzw. Energieübertragung wird als spektrale Sensibilisierung bezeichnet, wenn dadurch eine nachfolgende chemische Reaktion des Metallkomplexes ausgelöst wird. Handelt es sich um einen photoinduzierten katalytischen oder photoassistierten Zyklus, der durch Vermittlung des Sensibilisators photoinitiiert wird, dann liegt das gewünschte spektral sensibilisierte photokatalytische System vor.

Die Energieübertragung gemäß (111) kann entweder über

erstmals von FÖRSTER beschriebene Dipol-Dipol-Wechselwirkungen (sog. FÖRSTER- oder COULOMB-Mechanismus) zwischen *S und $[ML_n]$ oder durch Austauschwechselwirkungen zwischen beiden Partnern erfolgen (s. Abschn. 2.6.1.).

Im Unterschied zum FÖRSTER-Mechanismus hängt die Effizienz der Energieübertragung von *S auf $[ML_n]$ durch Austauschwechselwirkung nicht von der Oszillatorstärke entsprechender spektroskopischer Übergänge von $[ML_n]$ ab. Daher lassen sich durch Austauschwechselwirkung elektronisch angeregte Zustände von Koordinationsverbindungen erzeugen, die auf dem Wege der direkten Lichtanregung nicht oder nur in sehr geringem Ausmaß zugänglich sind. Das betrifft vor allem spinverbotene Übergänge.

Der in der Photochemie organischer Verbindungen am besten untersuchte Fall betrifft die Triplett-Energieübertragung, die auf Austauschwechselwirkung zwischen S im elektronisch angeregten Triplettzustand ($^3S^*$) und einem organischen Akzeptormolekül *A* beruht (112):

$$^3S^* + {}^1A \rightarrow {}^1S + {}^3A^* \qquad (112)$$

Analoge Reaktionen können auch bei Komplexen und metallorganischen Verbindungen beobachtet werden. Dieser Sachverhalt ist in Abb. 5.1 dargestellt.

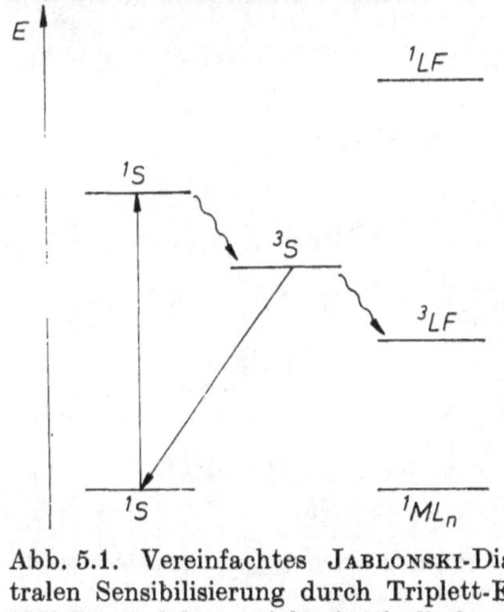

Abb. 5.1. Vereinfachtes JABLONSKI-Diagramm der langwelligen spektralen Sensibilisierung durch Triplett-Energieübertragung. Der reaktive ^3LF-Zustand kann nicht durch direkte Anregung aus dem Grundzustand der Koordinationsverbindung (^1ML_n) erzeugt werden (Multiplizitätsverbot!).

Aus Abb. 5.1 ist insbesondere zu erkennen, daß Energieübertragung durch Austauschwechselwirkung auch dann eine spektrale Sensibilisierung ermöglicht, wenn die zu sensibilisierende Reaktion in einem elektronisch angeregten $[ML_n]$-Zustand ihren Ursprung hat, der durch Lichtanregung des Komplexes nicht direkt erreicht werden kann (z. B. ^3LF in Abb. 5.1). Erst durch Intersystem Crossing aus einem über dem ^1S-Zustand des Sensibilisators liegenden elektronisch angeregten ^1LF-Zustand kann der reaktive ^3LF-Zustand populiert werden.

Ein Beispiel für diesen Reaktionsweg ist die durch Biacetyl oder Uranylionen spektral sensibilisierte Photoaquotisierung von Hexacyanocobaltat(III). $[Co(CN)_6]^{3-}$ ist bei Lichteinstrahlung mit $\lambda_{irr} > 370$ nm selbst nicht photoempfindlich; in Gegenwart von Biacetyl als Sensibilisator kann jedoch Photoaquotisierung bis zu Einstrahlungswellenlängen von 450 nm beobachtet werden.

Andererseits verlaufen Sensibilisierungsreaktionen mit Komplexverbindungen als Akzeptoren langsamer als solche mit organischen Verbindungen, die über Akzeptorniveaus vergleichbarer Energie verfügen. Das ist vorwiegend auf die Abschirmung des Zentralmetalls durch die Liganden sowie die dadurch eingeschränkten Überlappungsmöglichkeiten von Sensibilisator- und $[ML_n]$-Orbitalen zurückzuführen. Bei geladenen Spezies können darüber

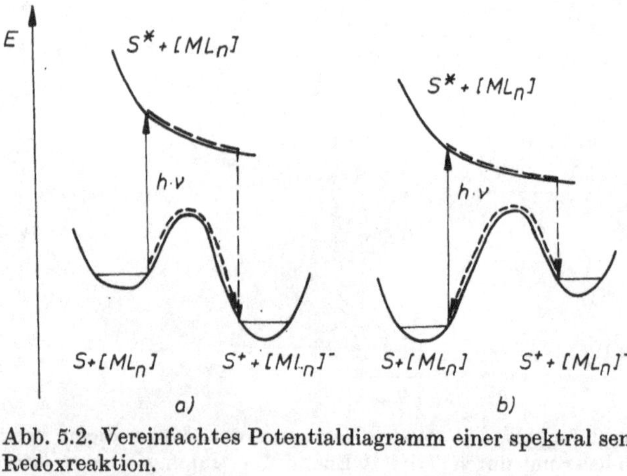

Abb. 5.2. Vereinfachtes Potentialdiagramm einer spektral sensibilisierten Redoxreaktion.

a) exergonischer Reaktionsweg,

b) endergonischer Reaktionsweg.

hinaus Abstoßungskräfte wirksam werden, die der Bildung des Stoßkomplexes entgegen wirken.

Für die spektrale Sensibilisierung durch Elektronenübertragung lassen sich die folgenden 2 Grenzfälle angeben (s. Abb. 5.2):

1. Die Summe aus Oxidationspotential des Sensibilisators und Reduktionspotential des Komplexes ist größer als Null, d. h., das Gleichgewicht liegt auf der Seite der Produkte (reduzierter Metallkomplex, oxidierter Sensibilisator). Bedingt durch kinetische Hemmungen (hohe Aktivierungsenergie) läuft die Reaktion jedoch nicht ab. Erst durch die Photoanregung von S wird die Überwindung der Aktivierungsbarriere und damit die Elektronenübertragung ermöglicht (Fall a in Abb. 5.2).
2. Die Summe aus Oxidationspotential des Sensibilisators und Reduktionspotential des Komplexes ist kleiner als Null, eine Elektronenübertragungsreaktion ist daher im Grundzustand aus thermodynamischen Gründen nicht möglich. Durch Photoanregung von S zu *S erhöht sich dessen Oxidationspotential, wodurch die Elektronenübertragung thermodynamisch erlaubt wird (Fall b in Abb. 5.2). (In analoger Weise kann auch der umgekehrte Fall der Reduktion des Sensibilisators und der Oxidation von $[ML_n]$ diskutiert werden.)

Bezüglich der Anwendung von spektral sensibilisierten photokatalytischen Systemen, z. B. für die chemische Speicherung oder Umwandlung von Sonnenenergie oder für unkonventionelle photographische Prozesse, besitzen die beiden Sensibilisierungsvarianten jeweils Vor- und Nachteile.

Die exergonische Reaktion (Fall a in Abb. 5.2) hat den Vorteil, daß die Rückreaktion (sog. Elektronenrückübertragung; back electron transfer) nur geringe Wahrscheinlichkeit besitzt. Dadurch wird die lichtinduzierte Elektronenübertragung sehr effizient. Andererseits ist aber zu berücksichtigen, daß in Abhängigkeit von der Größe der Aktivierungsenergie, mehr oder weniger langsame thermische Redoxreaktionen zwischen S und $[ML_n]$ ablaufen können.

Beim endergonischen Weg der spektralen Sensibilisierung sind Dunkelreaktionen zwischen S und $[ML_n]$ nicht möglich, während effektivitätsvermindernde Elektronenrückübertragungsprozesse eine ganz entscheidende Rolle spielen können. Dieser Nachteil kann aber im Prinzip durch Anwendung von ladungstrennenden Micell- oder Membransystemen, durch schnelle Ligandenaustauschreaktionen und dadurch bedingte Veränderungen des Oxidationspotentials von $[ML_n]$, durch Zusatz geeigneter Fängerreagenzien für eines der bei der Reaktion entstehenden Produkte (S^+ oder $[ML_n]^-$) bzw. durch schnelle Veränderung des Spinzustandes des Komplexes überwunden werden. Voraussetzung ist jedoch, daß die Ladungstrennung wesentlich schneller ist als die Geschwindigkeit der Elektronenrückübertragung.

Aus den dargelegten thermodynamischen Gründen sind endergonischen Sensibilisierungsreaktionen größere Chancen bei einer praktischen Anwendung zuzuordnen.

Neben den bisher betrachteten direkten Elektronenübertragungsreaktionen zwischen *S und $[ML_n]$ sind auch indirekte Prozesse zu beachten, wie sie als sogenannte OSTER-Reaktionen bekannt geworden sind (s. Abschn. 5.2.).

Energieübertragung durch Austauschwechselwirkung sowie Elektronenübertragung zwischen elektronisch angeregtem Sensibilisator und Koordinationsverbindung haben die Bildung eines Begegnungskomplexes, d. h., einen bimolekularen Reaktionsablauf, zur Voraussetzung. Neben dem bimolekularen oder dynamischen Sensibilisierungsprozeß ist auch die statische Sensibilisierung denkbar, die darauf beruht, daß Sensibilisator und Koordinationsverbindung durch chemische Bindung zu einem einheitlichen Komplex zusammengefügt sind. Beide Modelle sollen in den folgenden Abschnitten etwas ausführlicher vorgestellt werden.

5.2. *Das Modell der dynamischen Sensibilisierung*

Das Prinzip der dynamischen Sensibilisierung ist in (111) zusammenfassend dargestellt. Das folgende, vereinfachende kinetische Schema verdeutlicht nochmals die entscheidenden Probleme, die sich bei der Realisierung dynamischer Sensibilisierungsmodelle ergeben können (113):

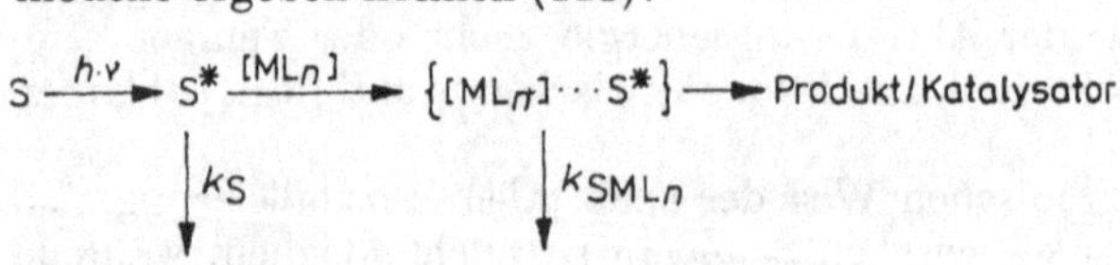

(113)

Aus dem kinetischen Schema (113) lassen sich die Nachteile der dynamischen Sensibilisierung bezüglich der Wirksamkeit von Energie- bzw. Elektronenübertragung zwischen *S und $[ML_n]$ deutlich erkennen: Neben Desaktivierungsprozessen von *S und

[*S ··· ML_n], die zusammengefaßt durch die Geschwindigkeitskonstanten k_S und k_{SML_n} ausgedrückt werden, ist die diffusionskontrollierte Bildung des Stoßkomplexes eine weitere Barriere auf dem Wege zur spektral sensibilisierten Produkt- bzw. Katalysatorbildung. Das gilt insbesondere, wenn man die Lebensdauer von *S bedenkt und die Viskosität des Reaktionsmediums sowie ungünstige Ionenstärkenverhältnisse ins Auge faßt. Damit kann die Effizienz der spektral sensibilisierten Produktbildung η_{prod} (114)

$$\eta_{prod} = \frac{k_d[ML_n]}{k_d[ML_n] + \sum k_s} \cdot \frac{k_{sens}}{k_{sens} + k_r + \sum k_{SML_n}} \qquad (114)$$

sehr gering sein bzw. die sensibilisierte Produktbildung vollständig unterdrückt werden, insbesondere wenn man bedenkt, daß gemäß (114) der Zerfall des Stoßkomplexes bzw. seine Desaktivierung durch Nebenreaktionen sowie die Rekombination der Produkte zu S und [ML_n] zusätzlich zu berücksichtigen sind.

Diese Limitierungen sind bei einer Anwendung dynamischer Sensibilisierungsmodelle zu berücksichtigen. Dennoch sind aus der Literatur eine Reihe von dynamischen Sensibilisierungsreaktionen bekannt.

5.2.1. Beispiele für dynamische Sensibilisierungsreaktionen

Bei der Mehrzahl der bisher untersuchten Sensibilisierungsreaktionen, die auf bimolekularen Wechselwirkungen zwischen Koordinationsverbindung und angeregtem Sensibilisator beruhen, handelt es sich um Energieübertragungsprozesse, die Substitutions- bzw. Umlagerungsreaktionen der Metallkomplexe zur Folge haben können [21].

Erst in der letzten Zeit sind Elektronenübertragungsreaktionen zwischen elektronisch angeregten Farbstoffen bzw. intensiv absorbierenden Metallkomplexen selbst und Koordinationsverbindungen stärker in den Mittelpunkt des Interesses gerückt. Dabei kommt der OSTER-Reaktion eine besondere Bedeutung zu.

Die OSTER-Reaktion ist ein Beispiel für eine indirekte dynamische Sensibilisierung, da sie Mediatoren für die sensibilisierte Elektronenübertragung benötigt. Sie verdient auch deshalb Beachtung, da für OSTER-Systeme praktische Anwendbarkeit zur spektralen Sensibilisierung im Chromlichtdruck, bei Photopolymerisations- bzw. -vernetzungsreaktionen sowie für holographische Aufzeichnungsverfahren beansprucht wird.

Das Grundprinzip der Oster-Reaktion beruht darauf, daß elektronisch angeregte Farbstoffmoleküle oder -ionen durch bestimmte Amine (Mediatoren) reduziert werden können. Die reduzierten Farbstoffe (Semifarbstoffe) vermögen bestimmte Metallkomplexe bzw. -ionen bei gleichzeitiger Rückbildung des Sensibilisierungsfarbstoffes zu reduzieren, wodurch der erneute Start des Sensibilisierungszyklus ermöglicht wird, bis der Mediator verbraucht ist. Das folgende Reaktionsschema verdeutlicht den Ablauf der Oster-Reaktion (Gln. (115)–(117)):

$$S \underset{}{\overset{h\cdot\nu}{\rightleftharpoons}} {}^{*}S \tag{115}$$

$$^{*}S + |N\langle \rightarrow S^{-} + \cdot N^{+}\langle \tag{116}$$

$$S^{\cdot -} + [ML_n]^{n+} \rightarrow S + [ML_n]^{(n-1)+} \tag{117}$$

Voraussetzung für das Funktionieren der Oster-Reaktion ist, daß die Reaktionspartner (Farbstoff S, Mediator $|N\langle$, Metallkomplex $[ML_n]$) so ausgewählt werden, daß ihre Standardelektrodenpotentiale keine thermische Elektronenübertragung zulassen (118):

$$S + [ML_n] + |N\langle \xrightarrow{k\cdot T} \text{keine Reaktion} \tag{118}$$

Ein typisches Oster-System besteht aus Methylenblau (Sensibilisator), Ethylendiamintetraessigsäure (Mediator, auch Hilfsdonor) und Eisen(III) in wäßriger Lösung. Bei Einstrahlung in das langwellige Absorptionsgebiet von Methylenblau (höheres Oxidationspotential von elektronisch angeregtem Methylenblau im Vergleich zum Grundzustandspotential, s. S. 44) wird EDTA zum entsprechenden Radikalkation oxidiert und Methylenblau selbst zum Semifarbstoff reduziert. Der Semifarbstoff vermag mit Eisen(III) unter Bildung von Eisen(II)-Aquakomplexen bei gleichzeitiger Rückbildung des Sensibilisators (Methylenblau) zu reagieren. Dadurch ist es möglich (in Abhängigkeit von der EDTA-Konzentration) einen beträchtlichen Überschuß an Eisen(III) (bezogen auf die Konzentration an Methylenblau) spektral sensibilisiert photoinduziert zu reduzieren.

Oster-Systeme sind bei entsprechender Berücksichtigung der Redoxpotentiale von Mediator, Farbstoff und Komplexverbindung offenbar universell für die spektrale Sensibilisierung von Photoredoxreaktionen von Koordinationsverbindungen anwendbar. Zugleich stellen Oster-Systeme hinsichtlich der Nachteile dynamischer Sensibilisierungsreaktionen insofern eine Besonderheit dar, da der Mediator in beliebig hoher Konzentration zugegen sein kann (keine Absorption im sichtbaren Spektralgebiet) und weil die Lebensdauer der gebildeten Semifarbstoffe im Vergleich zu elektronisch angeregten Sensibilisatormolekülen außerordentlich hoch ist. Dadurch werden bestimmte Limitierungen der dynamischen Sensibilisierung aufgehoben, so daß die langwellige spektrale Sensibilisierung photokatalytischer Systeme auch in Bindemittelschichten plausibel erscheint.

5.3. *Das Modell der statischen Sensibilisierung* [69, 84]

Das Prinzip der statischen spektralen Sensibilisierung beruht darauf, daß Sensibilisator und Koordinationsverbindung durch ionische, kovalente oder koordinative Bindungen miteinander verknüpft sind, wodurch die Molekulardiffusion als limitierende Größe nicht mehr in Betracht kommt. Dadurch vereinfacht sich das kinetische Schema der spektralen Sensibilisierung in folgender Weise (119):

$$(S-ML_n) \underset{}{\overset{h\cdot\nu}{\rightleftharpoons}} {}^*(S-ML_n) \underset{k_r}{\overset{k_{sens}}{\rightleftharpoons}} \text{Produkte/Katalysator}$$
$$\downarrow k_{SML_n} \qquad \ldots \tag{119}$$

Mit der erwünschten, spektral sensibilisierten Produkt- bzw. Katalysatorbildung konkurrieren unter den Bedingungen des statischen Sensibilisierungsmodells nur noch verschiedene Desaktivierungsprozesse der $(S-ML_n)$-Einheit sowie die Rückreaktion (k_r). Damit wird die Effizienz der Katalysatorbildung ausschließlich von den Eigenschaften der $(S-ML_n)$-Einheit bestimmt und Medieneinflüsse sind ohne Wirkung. Allerdings ist der Lösungsmitteleinfluß auf die thermodynamische Bildungskonstante der $(S-ML_n)$-Einheit zu berücksichtigen.

Die kinetischen Einflußgrößen auf die Effizienz der spektral sensibilisierten Produkt- bzw. Katalysatorbildung vereinfachen sich damit beträchtlich und η_{prod}^{stat} kann durch folgende Beziehung wiedergegeben werden (120):

$$\eta_{prod}^{stat} = \frac{k_{sens}}{k_{sens} + k_r + \sum k_{SML_n}} \tag{120}$$

Für die experimentelle Realisierung statischer Sensibilisierungsmodelle ergeben sich folgende Möglichkeiten:

1. Ionenpaarbildung zwischen ionischen Komplexen und Farbstoffgegenionen bzw. zwischen Komplexionen und entsprechenden Gegenionen, die zu Ionenpaar-Charge-Transfer-Verbindungen führen (112), (122):

$$[ML_n]^{m\pm} + S^{\pm} \rightleftharpoons \{[ML_n]^{m\pm}; S^{\mp}\} \quad (121)$$

$$[ML_n]^{m\pm} + X^{\mp} \rightleftharpoons \{[ML_n]^{m\pm}; X^{\mp}\} \text{ (IPCT-Verbindung)} \quad (122)$$

2. Synthese von Gemischtligandenkomplexen mit chromophoren Liganden (L—Chr) bzw. energiearmen CT-Übergängen (123):

$$[ML_n] + L{-}Chr \rightleftharpoons [ML_{n-x}L{-}Chr] + xL \quad (123)$$

3. Synthese von Mehrkernkomplexen des Mixed-Valence-Typs, die durch spektroskopisches Intervalence-Charge-Transfer-Verhalten gekennzeichnet sind (124):

$$[M_1L_nX] + [M_2L_nY] \rightleftharpoons [L_nM_1{-}Y{-}M_2L_n) + X \quad (124)$$

Voraussetzung für die Anwendung von Ionenpaaren sind ausreichend hohe Ionenpaarbildungskonstanten (K_{IP}), wofür unpolare Lösungsmittel bzw. ein hoher Konzentrationsüberschuß des im sichtbaren Spektralbereich nicht absorbierenden Partners von Vorteil sind.

Beispiele für chromophore Liganden in Gemischtligandkomplexen bzw. für die Anwendung von Koordinationsverbindungen, die durch energiearme (d. h. langwellige) CT-Übergänge charakterisiert sind, zur statischen spektralen Sensibilisierung sind bisher kaum bekannt geworden.

Zunehmendes Interesse haben dagegen Mehrkernkomplexe gefunden, deren Metallzentrum M_1 leicht oxidiert werden kann, während das Zentrum M_2 für Reduktionsreaktionen verfügbar ist. Solche Verbindungen mit gemischten Valenzen können durch breite Absorptionen im sichtbaren Spektralgebiet gekennzeichnet sein (sogenannte Intervalence-Charge-Transfer-Banden), wenn eine schwache Elektronendelokalisation zwischen M_1 und M_2 auftritt. Klassisches Beispiel dafür ist das Berliner Blau.

5.3.1. Statische spektrale Sensibilisierung durch Ionenpaarbildung

Statische spektrale Sensibilisierung mittels Ionenpaarbildung kann durch 2 unterschiedliche Wirkprinzipien erreicht werden.

Die erste Möglichkeit beruht auf der Bildung von ($S-ML_n$)-Einheiten durch Ionenpaarbildung zwischen Farbstoffionen und Komplexionen. Das Ziel ist dabei, durch Einstrahlung in energiearme Absorptionsgebiete des Farbstoffes im Ionenpaar Energie- bzw. Elektronenübertragung zum Zentralmetall bzw. zur Komplexverbindung zu bewirken.

Die andere Möglichkeit beruht auf dem Umstand, daß ionische Komplexverbindungen mit bestimmten Gegenionen Ionenpaarverbindungen bilden können, die neben der elektrostatischen Wechselwirkung zwischen Kation und Anion durch zusätzliche elektronische Wechselwirkungen gekennzeichnet sind, wie sie von Donor-Akzeptor-Verbindungen neutraler Moleküle bekannt sind. Ionenpaarverbindungen, die durch solche zusätzlichen elektronischen Bindungswechselwirkungen charakterisiert sind, zeichnen sich durch energetisch niedrig liegende Ionenpaar-Charge-Transfer-Zustände aus. Diese IPCT-Zustände sind die Ursache für Banden im Elektronenspektrum der entsprechenden Ionenpaarverbindungen, die sich nicht aus der Addition der Einzelspektren der Komponenten ergeben.

Prinzipiell gelten jedoch für beide Varianten ausreichend hohe Ionenpaarbildungskonstanten als wesentliche Voraussetzung für eine erfolgreiche statische spektrale Sensibilisierung. Hohe Ionenpaarbildungskonstanten können durch die Auswahl unpolarer Reaktionsmedien erreicht werden. Außerdem kann K_{IP} durch die Auswahl entsprechender Konzentrationsverhältnisse von Anion bzw. Kation beeinflußt werden.

Für das Verständnis der Ionenpaarsensibilisierung mittels ionischer Farbstoffe sei nochmals auf das allgemeine Schema der spektralen Sensibilisierung verwiesen (111): Im Falle der dynamischen Sensibilisierung ist die Bildung des Stoßkomplexes begünstigt, wenn hochgeladene Kationen und Anionen (hier Sensibilisator und Koordinationsverbindung) in Kontakt kommen. So unterscheidet sich der Weg der statischen Sensibilisierung durch Ionenpaarbildung von der dynamischen nur dadurch, daß im ersten Falle die Ionenpaarbildung bereits vor Ablauf der eigentlichen Sensibilisierungsreaktion abgeschlossen ist.

Die Mehrzahl der bisher untersuchten Fälle von Sensibilisierungsreaktionen zwischen ionischen Komplexen und entsprechenden farbigen Gegenionen wurde unter dynamischen Bedingungen betrachtet, d. h., Ionenpaarbildung wurde lediglich im Zusammenhang mit der Bildung des Begegnungskomplexes diskutiert.

Statische Sensibilisierung durch Ionenpaarbildung wurde bisher nur an vereinzelten Beispielen beobachtet. Sie betreffen z. B. spektral sensibilisierte Photoreaktionen von Eisen(II) und Zinn(II) durch Ionenpaarbildung mit Thionin und Saphranin T. Hervorzuheben ist, daß auch farbige Komplexionen selbst als Sensibilisatoren in Ionenpaaren wirksam werden können, wie u. a. im Falle von $\{[Mo(CN)_8]^{4-}; [Ru(bipy)_3]^{2+}\}$ oder $\{[Mo(CN)_8]^{4-}; UO_2^{2+}\}$.

Der Mechanismus der spektral sensibilisierten Photoreaktionen beruht auf einer Elektronenübertragung zwischen dem elektronisch angeregten Farbstoffion und dem Zentralmetall des Komplexions (125):

$$\{[ML_n]^-; S^+\} \underset{}{\overset{h\cdot\nu}{\rightleftharpoons}} {}^*\{[ML_n]^-; S^+\} \underset{k_r}{\rightleftharpoons} S + [ML_n] \qquad (125)$$

Trotz der geringen Anzahl der bisher bekannt gewordenen Beispiele für statische Sensibilisierungsreaktionen durch Ionenpaarbildung, ist dieser Reaktionsweg von speziellem Interesse, da er eine ausgedehnte experimentelle Variation von Sensibilisator und Koordinationsverbindung unter mannigfachen Kriterien ermöglicht. Unbetroffen davon bleiben jedoch die Probleme, die sich aus der Elektronenrückübertragung (k_r) sowie aus der Effizienz der Energie- bzw. Elektronenübertragung zwischen elektronisch angeregtem Sensibilisator ($^*S^\pm$) und $ML_n^\mp$ in Relation zur strahlungslosen Desaktivierung von $^*S^\pm$ selbst innerhalb der $(S—ML_n)$-Einheit ergeben.

Die andere Möglichkeit der Ionenpaarsensibilisierung beruht auf solchen Verbindungen, die durch IPCT-Eigenschaften gekennzeichnet sind.

Durch IPCT-Zustände verursachte spektrale Übergänge wurden erstmals von LINHARD im Jahre 1944 an $\{[Co(NH_3)_6]^{3+}; I^-\}$-Ionenpaaren beschrieben. Später konnte ADAMSON zeigen, daß Einstrahlung in die IPCT-Region ($\lambda^{irr} \leqq 550$ nm) zur Photoreduktion von Cobalt(III) führt (126):

$$\{[Co(NH_3)_6]^{3+}; I^-\} \xrightarrow{h\nu_{IPCT}} Co_{aq}^{2+} + 6NH_3 + I^\cdot \qquad (126)$$

Damit wird, bezogen auf die Lichtempfindlichkeit des Cobalthexammin-Komplexes, eine beträchtliche langwellige Verschiebung der Photoredoxreaktion erreicht.

Inzwischen sind eine Reihe weiterer Ionenpaarverbindungen bekannt geworden, die durch spektroskopische IPCT-Übergänge gekennzeichnet sind. Die elektronische Anregung der IPCT-Zustände führt auch bei diesen Verbindungen zur langwelligen spektralen Verschiebung der Photoempfindlichkeit der jeweiligen Komplexionen (127) bis (129):

$$\{[Co(NH_3)_6]; BPh_4^-\} \xrightarrow{h\nu_{IPCT}} Co^{2+}_{aq} + 6\,NH_3 + BPh_4 \quad (127)$$

$$\{[M(CN)_{2n}]^{n-}; Ph_2I^+\} \xrightarrow{h\nu_{IPCT}} [M(CN)_{2n}]^{(n-1)-} + Ph_2I^{\cdot} \quad (128)$$

$$\{[Co(en)_3]^{3+}; htc^-\} \xrightarrow{h\nu_{IPCT}} [Co(en)_3]^{2+} + htc^{\cdot} \quad (129)$$

An anderer Stelle (s. S. 109) wurde bereits anhand der Reaktion (95) darauf hingewiesen, daß IPCT-Phänomene bisher bei der Diskussion bestimmter photochemischer Reaktionen nicht berücksichtigt worden sind. Das ist darauf zurückzuführen, daß IPCT-Verbindungen bisher nicht umfassend und systematisch untersucht worden sind.

Einer umfassenden Anwendung des IPCT-Phänomens zur statischen spektralen Sensibilisierung photokatalytischer Systeme steht auch eine bisher fehlende quantenchemische Interpretation entgegen, die womöglich gezielte Synthesestrategien an die Stelle der bisher üblichen empirischen Suche nach Ionenpaarverbindungen mit IPCT-Eigenschaften setzen könnte. Neuerdings beschriebene halbempirische Konzepte zur Voraussage von IPCT-Übergängen auf der Basis von Inkrementsystemen [86] können als erste Stufe für eine umfassendere und systematische experimentelle Untersuchung des IPCT-Phänomens sowie zum photochemischen Verhalten von IPCT-Verbindungen angesehen werden.

5.3.2. *Statische spektrale Sensibilisierung durch Gemischtligandkomplexe mit chromophoren Liganden bzw. energiearmen CT-Übergängen*

Gemischtligandkomplexe mit ein- oder mehrzähnigen chromophoren Liganden (z. B. Azofarbstoffe oder andere chelatbildende Farbstoffe) und entsprechenden redoxreaktiven Liganden andererseits (z. B. Oxalat, Malonat oder andere Acidoliganden) sind bisher photochemisch kaum untersucht worden. Dennoch sind solche Verbindungen von speziellem Interesse, da bei entsprechend hohen Komplexbildungskonstanten Ligandendissoziation vernachlässigt werden kann und chromophore Liganden hinsichtlich ihrer spektralen Eigenschaften sozusagen nach Maß eingesetzt werden können. Dagegen ist bisher die Frage nicht beantwortet, ob eine elektronische Anregung von vorwiegend Innerligand-Zuständen der chromophoren Liganden zur Desaktivierung in solche reaktive Zustände führen kann, die zur dann spektral sensibilisierten Produkt- bzw. Katalysatorbildung führen.

Eine weitere Möglichkeit der statischen Sensibilisierung könnte in der Einführung mesomer stabilisierter Substituenten bzw. chromophorer Reste in einen Liganden des Gemischtligandkomplexes bestehen. Dadurch können im Falle chromophor substituierter Liganden „optische Fenster" über den gesamten sichtbaren Spektralbereich erzeugt werden, während bathochrome Verschiebungen von mehr als 200 nm im Falle mesomer stabilisierter Substituenten wenig wahrscheinlich sind.

Die prinzipielle Möglichkeit der spektralen Sensibilisierung

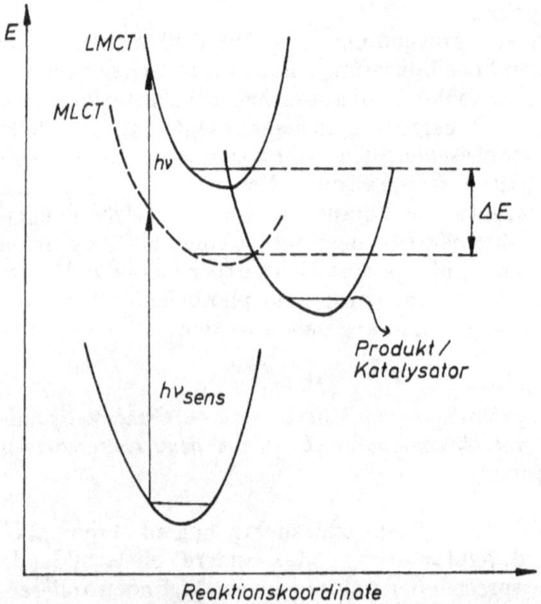

Abb. 5.3. Langwellige spektrale Sensibilisierung durch zusätzliche CT-Zustände (hier MLCT). Im Vergleich zur LMCT-Anregung wird eine durch ΔE charakterisierte langwellige Verschiebung der Photoredoxreaktion erreicht.

durch Gemischtligandkomplexe mit redoxreaktiven Liganden und weiteren, die zu zusätzlichen energiearmen CT-Zuständen führen, soll das nächste Beispiel verdeutlichen.

Tris(oxalato)cobaltat(III) gehört zu den als klassisch zu bezeichnenden lichtempfindlichen Koordinationsverbindungen. Elektronische Anregung der Oxalat→Cobalt(III)-CT-Zustände führt zu sehr effizienten Photoredoxreaktionen, deren Quantenausbeute bei Einstrahlung oberhalb $\lambda^{irr} = 350$ nm jedoch gegen Null geht (130):

$$[Co(ox)_3]^{3-} \overset{h \cdot \nu}{\rightleftharpoons} {}^*[Co(ox)_3]^{3-} \rightarrow Co^{2+}_{aq} + 2ox^{--} + ox^{-\cdot} \qquad (130)$$

Durch Synthese von Gemischtligandkomplexen des Typs $[Co(N-N)_2ox]^+$ mit α-Diiminliganden wie 2,2′-Bipyridin oder 1,10-Phenanthrolin (N—N) werden neue energiearme CT-Zustände ermöglicht, die eine langwellige Verschiebung der Photoredoxreaktion (130) bewirken. Abbildung 5.3 verdeutlicht die möglichen energetischen Zusammenhänge, die zu dieser Sensibilisierungsreaktion führen.

Nicht unerwähnt bleiben soll, daß Komplexe mit makrocyclischen Liganden und mit energiearmen IL- bzw. CT-Zustände gute Möglichkeiten für langwellig initiierte Photoredoxreaktionen geben, die zu interessanten Vorschlägen für photokatalytische Systeme geführt haben.

5.3.3. Statische spektrale Sensibilisierung durch Mixed-Valence-Verbindungen mit Intervalence-Charge-Transfer(IT)-Eigenschaften

Mixed-Valence-Verbindungen [13] lassen sich gut im Rahmen des semiempirischen Konzeptes von Hush [87] sowie nach Robin und Day [13] interpretieren. Von speziellem Interesse für die statische spektrale Sensibilisierung sind Mixed-Valence-Verbindungen der Klasse II gemäß einem Klassifizierungsvorschlag von Robin und Day. Mixed-Valence-Verbindungen der Klasse II, zu denen auch das Berliner Blau zu zählen ist, sind durch sehr schwache Elektronendelokalisierung zwischen den beiden Metallzentren M_1 und M_2 (Fe(II) und Fe(III) im Falle von Berliner Blau) gekennzeichnet. Schwache Elektronendelokalisierung zwischen den beiden Metallzentren führt zum Auftreten von Intervalence-Charge-Transfer(IT)-Banden, die vom ultravioletten bis zum infraroten Spektralbereich beobachtet werden können. (Die intensive blaue Färbung von Berliner Blau ist auf IT-Anregung, bedingt durch sehr schwache Elektronendelokalisation zwischen Fe(II) und Fe(III), zurückzuführen.)

IT-Übergänge sind zurückzuführen auf Elektronenübergänge von einem Metallzentrum auf das andere, entweder innerhalb eines Zweikernbrückenkomplexes (inner-sphere-Mechanismus) oder

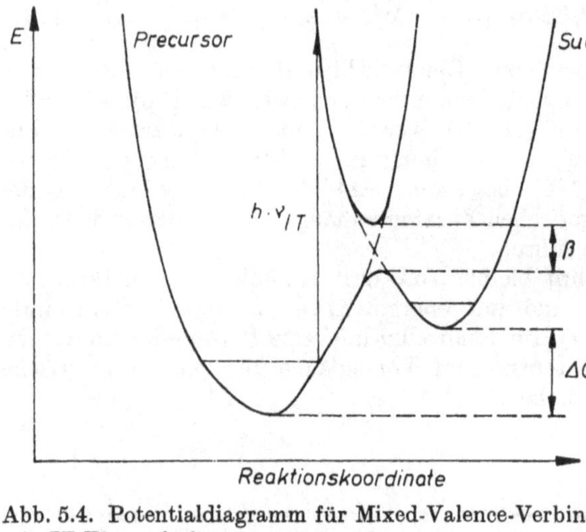

Abb. 5.4. Potentialdiagramm für Mixed-Valence-Verbindungen mit IT-Eigenschaften.
($h \cdot \nu_{IT}$ entspricht der Energie des optischen IT-Übergangs, β der Resonanzenergie und ΔG der Redoxasymmetrie zwischen dem Komplex vor — Successor — und nach der Elektronenübertragung — Precursor).

auch innerhalb eines Ionenpaares (outer-sphere Mechanismus), wie aus Abb. 5.4 zu erkennen. Die Lage der IT-Bande ist abhängig von der sogenannten Redox-Asymmetrie zwischen beiden Metallzentren und von den dielektrischen Eigenschaften des verwendeten Lösungsmittels; der Grad der Elektronendelokalisierung wird durch die Art des Brückenliganden beeinflußt. Damit ist ein breiter synthetischer Zugang zu Mixed-Valence-Verbindungen mit gezielter Vorausbestimmung der Lage der optischen IT-Übergänge durch Anwendung der Hush-Theorie möglich, wie das folgende

Schema zeigt (131):

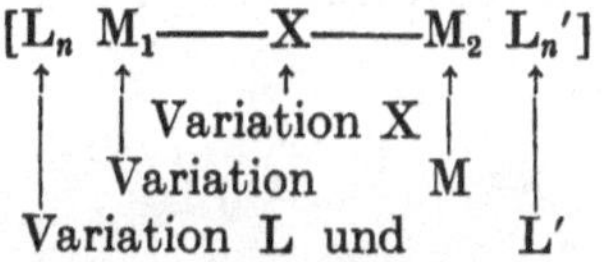

(131)

Jedoch sind bisher experimentelle Daten bezüglich photochemischer Reaktionen, die durch IT-Anregung ausgelöst werden, nur sehr vereinzelt bekannt geworden. Das betrifft auch systematische Untersuchungen der spektroskopischen Eigenschaften von Mixed-Valence-Verbindungen der Klasse II in Lösungen.

Die ersten überhaupt in der Literatur beschriebenen, photochemischen Reaktionen an Mixed-Valence-Verbindungen betreffen die Vogler-Kunkely-Ionen, Ru(II)/Co(III)- bzw. Fe(II)/Co(III)-cyanoverbrückte Zweikernkomplexe. Die Photoreaktionen sind sowohl durch hohe Bruttoquantenausbeuten als auch durch den Nachweis der Möglichkeit der statischen spektralen Sensibilisierung durch IT-Anregung gekennzeichnet.

Die elektronische Anregung von IT-Zuständen des Vogler-Kunkely-Ions $[(H_3N)_5Co^{III}-NC-Ru^{II}(CN)_5]^-$ führt zur photochemisch induzierten Bildung von Co(II) und Ru(III) mit Bruttoquantenausbeuten $\Phi_{tot}^{IT} = 0,46$ (132):

$$[(H_3N)_5Co-NC-Ru(CN)_5]^- \xrightarrow{h\nu_{IT}} Co_{aq}^{2+} + 5\,NH_3 + [Ru(CN)_6]^{3-} \qquad (132)$$

Die absolute Photounempfindlichkeit der Komponenten des Vogler-Kunkely-Ions ($[Co(NH_3)_5(H_2O)]^{3+}$ und $[Ru(CN)_6]^{4-}$) bei einer Einstrahlungswellenlänge von 550 nm (Maximum der IT-Bande) bestätigt eindrucksvoll die Möglichkeiten der Gestaltung der statischen spektralen Sensibilisierung durch Anwendung von Mixed-Valence-Verbindungen, die hier zur spektral sensibilisierten Bildung von katalytisch interessantem Co(II) bzw. Ru(III) führt.

Einer generellen Anwendung von Mixed-Valence-Verbindungen der Klasse II zur Verwirklichung des Konzeptes der statischen spektralen Sensibilisierung stehen jedoch gleichfalls schnelle Elektronenrückübertragungsreaktionen entgegen, wenn die Verbindungen nicht so aufgebaut sind, daß (wie im Falle des Vogler-Kunkely-Ions) chemische Folgereaktionen kinetisch begünstigt sind. So können z. B. von Cyanometallaten beliebige Mixed-

Valence-Verbindungen synthetisiert werden, die durch IT-Eigenschaften charakterisiert sind (133):

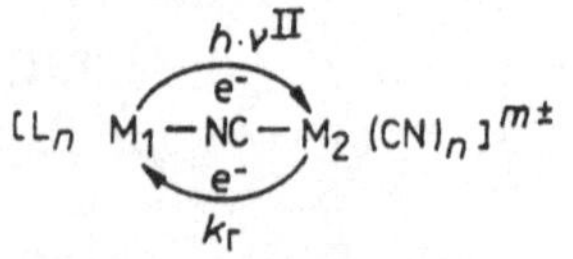

(133)

In der Mehrzahl der Fälle ist jedoch die Geschwindigkeit der Elektronenrückübertragung (k_r) so groß, daß die photochemische Reaktion (133) makroskopisch umsatzlos bleibt. Schnelle Abfangreaktionen (k_f) können dazu beitragen diese Barriere zu überwinden.

Eine interessante Möglichkeit ist dabei die Anwendung von Photonen der Energie $h \cdot \nu_2$ als Abfangreagenzien, wodurch es möglich ist nach der IT-Anregung ($h \cdot \nu_1 \triangleq h \cdot \nu_{IT}$) sehr schnelle photochemische Folgereaktionen auszulösen, die dann zur spektral sensibilisierten Produkt- bzw. Katalysatorbildung führen können, wie aus dem folgenden Reaktionsschema (Abb. 5.5) zu erkennen.

Dieses Beispiel einer sekundären Photolyse bzw. eines sequentiellen Zweiphotonenprozesses (Abb. 5.5) ist insofern von Interesse, da es keiner Lichtquellen hoher Intensität (Laser) bedarf und da die Energie des eingestrahlten Lichtes ($h \cdot \nu_1$ und $h \cdot \nu_2$) unterschiedlich ist [62].

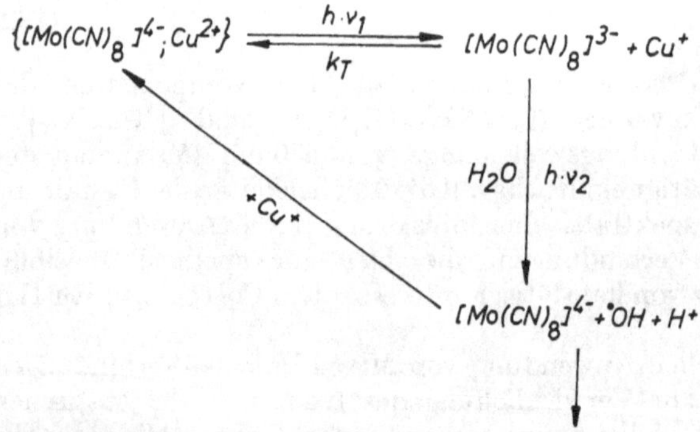

Abb. 5.5. Schematische Darstellung eines Zweiphotonenprozesses (sekundäre Photolyse) als Beispiel der Anwendung von Photonen ($h \cdot \nu_2$) als Abfangreagenzien zur Überwindung schneller Elektronenrückübertragungsprozesse (k_T).

5.3.4. *Zusammenfassende Bewertung der Möglichkeiten und Grenzen der statischen spektralen Sensibilisierung*

Zusammenfassend ergibt sich folgendes Bild der Möglichkeiten zur Realisierung des Konzeptes der statischen spektralen Sensibilisierung photokatalytischer Systeme auf der Basis lichtempfindlicher Koordinations- bzw. Organometallverbindungen:

1. Energieübertragungsprozesse sind nur im Grenzfall, wie z. B. bei der Triplett-Energieübertragung, für eine langwellige spektrale Sensibilisierung geeignet; dagegen sind Elektronenübertragungsreaktionen universell anwendbar, wenn die Elektronenrückübertragungsprozesse unterbunden werden können.
2. Dynamische Sensibilisierungsreaktionen weisen auf Grund zahlreicher Desaktivierungsmöglichkeiten des Sensibilisators sowie durch die Limitierung, die mit der diffusionskontrollierten Bildung des Stoßkomplexes verbunden ist, eine Reihe von effektivitätsbegrenzenden Faktoren auf; dennoch sind effektive dynamische Sensibilisierungsreaktionen bekannt.
3. Durch das Konzept der statischen spektralen Sensibilisierung können gewisse Nachteile des dynamischen Reaktionsweges vermieden werden. Das betrifft insbesondere die Umgehung des bimolekularen Reaktionsmechanismus und die dadurch verursachten Limitierungen. Das Konzept der statischen spektralen Sensibilisierung kann experimentell durch die Synthese von Sensibilisator/Komplex-Einheiten realisiert werden, wobei Ionenpaarverbindungen, Gemischtligandkomplexe sowie Mixed-Valence-Verbindungen die gezielte Erzeugung von „optischen Fenstern", d. h. von zusätzlichen Bereichen der Lichtabsorption ermöglichen.
4. „Optische Fenster", die die Absorption der Lichtenergie aus beliebigen Spektralbereichen ermöglichen, sind aber nur die erste Voraussetzung für die spektrale Sensibilisierung. Entscheidend bleibt, ob die zur Katalyse bzw. Produktbildung führende Elektronen- bzw. Energieübertragung mit Desaktivierungs- bzw. Elektronenrückübertragungsprozessen konkurrieren kann.

6. Potentielle Anwendungsmöglichkeiten photokatalytischer Systeme auf der Basis lichtempfindlicher Koordinationsverbindungen [69]

Photokatalytische Reaktionen auf der Basis lichtempfindlicher Koordinations- und Organometallverbindungen beanspruchen zunehmendes Interesse, und ihre technische Anwendung ist abzusehen. Die Gründe dafür sollen anhand von 3 möglichen Anwendungsbeispielen, der homogenen Photokomplexkatalyse, der chemischen Wandlung und Speicherung von Sonnenenergie sowie der unkonventionellen (d. h. silberfreien bzw. -armen) photographischen Bildaufzeichnung erläutert werden. Neben diesen potentiellen Applikationsfeldern sind eine Reihe weiterer bekannt. Die hier getroffene Auswahl gestattet aber eine Beurteilung der Vor- und Nachteile, die mit einer applikativen Nutzung photokatalytischer Systeme verbunden sind.

6.1. *Homogene Photo-Komplexkatalyse* [69, 70, 71]

Thermische, homogen-komplexkatalytische Reaktionen zur Synthese organischer Verbindungen sind heute bereits Allgemeingut der chemischen Industrie [77]. Ihre Grundprinzipien beruhen auf den speziellen chemischen Eigenschaften von Komplexen und metallorganischen Verbindungen, die Gegenstand zahlreicher ausgezeichneter Monographien bzw. Lehrbücher sind [77, 78, 88, 89].

Trotz der technischen Reife, die bestimmte homogen-komplexkatalytische Verfahren erreicht haben und trotz der Tatsache, daß der Kenntnisstand über thermische, homogen-komplexkatalytische Reaktionen enorm angewachsen ist und täglich zunimmt, wird die homogene Photo-Komplexkatalyse ihre Nische insbesondere bei der Herstellung bestimmter Feinchemikalien, Arzneistoffe und anderer Wirkstoffe erobern. Für diese Behauptung spricht die Möglichkeit photokatalytische Reaktionen bei beliebig niedrigen Temperaturen durchführen und auch unter diesen Bedingungen Koordinationsverbindungen aktivieren zu können, die thermisch nicht katalytisch reagieren sowie der Vorteil der definierten Erzeugung katalytisch reaktiver Spezies durch Licht, der zusätzlich möglichen Reaktionssteuerung durch Licht unterschiedlicher Wellenlängen und der der möglichen Verkürzung aufwendiger, mehrstufiger Synthesewege.

Unter den photokatalytisch interessanten Koordinationsverbindungen spielen die Metallcarbonyle eine zentrale Rolle, da sie photochemisch sehr leicht zu koordinativ ungesättigten und damit katalytisch aktiven Spezies umgewandelt werden können (s. a. S. 110), (134):

$$\begin{array}{l} [M(CO)_n] \xrightarrow{h\cdot\nu} [M(CO)_{n-1}] + CO \\ \qquad\qquad\qquad \downarrow h\cdot\nu \\ \qquad\qquad\qquad [M(CO)_{n-2}] + CO \\ \qquad\qquad\qquad \downarrow h\cdot\nu \\ \qquad\qquad\qquad \cdots \\ [M_n(CO)_m] \xrightarrow{h\cdot\nu} n[M(CO)_{m/n}] \xrightarrow{h\cdot\nu} \cdots \end{array} \qquad (134)$$

Die photochemische Labilität der Carbonylliganden in Metallcarbonylen unterscheidet sich signifikant von der thermischen Inertheit dieser Verbindungsklasse, die ein wesentliches Hemmnis für eine breite Anwendung von Metallcarbonylen in der homogenen Komplexkatalyse darstellt.

Zahlreiche Isomerisierungs- und Funktionalisierungsreaktionen von Olefinen sind bekannt, die durch die photokatalytische Wirkung von Metallcarbonylen initiiert werden [70, 71, 80]. Eine der interessierenden Carbonylverbindungen ist das Chromhexacarbonyl, das als vorzüglicher Photokatalysator für Hydrierungsreaktionen bekannt geworden ist.

Chromhexacarbonyl spaltet bei beliebig niedrigen Temperaturen nach Einstrahlung in die CT-Region CO unter Bildung ein- oder mehrfach ungesättigter Spezies ab. Dieser Prozeß entspricht der photochemischen Katalysatorbildung (135):

$$[Cr(CO)_6] \xrightarrow{h\cdot\nu} [Cr(CO)_5] + CO \xrightarrow{h\cdot\nu} [Cr(CO)_4] + CO \xrightarrow{h\cdot\nu} \cdots \qquad (135)$$

Die photochemisch gebildeten, koordinativ ungesättigten Spezies $[Cr(CO)_5]$ und $[Cr(CO_4]$ können IR-spektroskopisch mittels Matrix-Isolationstechnik eindeutig identifiziert werden.

$[Cr(CO)_4]$ reagiert selektiv mit solchen konjugierten Dienen, die eine s-cis-Konfiguration einnehmen können, zu entsprechenden Dien-Komplexen (136):

(136)

Die Dienkomplexe können unter Tieftemperaturphotolysebedingungen isoliert und hinsichtlich ihrer Konstitution spektroskopisch charakterisiert werden.

In Gegenwart von Wasserstoff vermag der Dienkomplex $[Cr(CO)_4 dien]$ unter oxydativer Addition zum Hydridokomplex zu reagieren, wenn erneut bestrahlt wird (137):

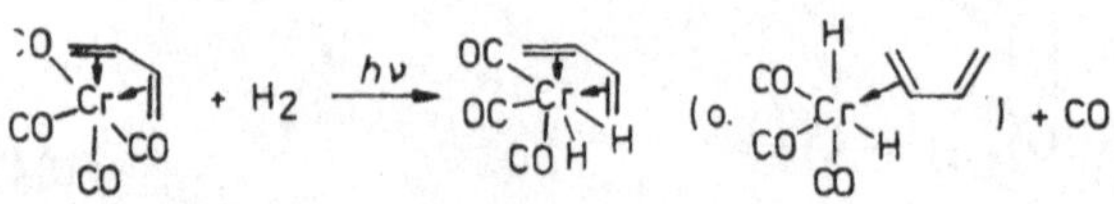

(137)

Der Hydridokomplex ist instabil und spaltet das Hydrierungsprodukt unter gleichzeitiger Rückbildung der photokatalytisch aktiven Spezies $[Cr(CO)_4(dien)]$ ab (138):

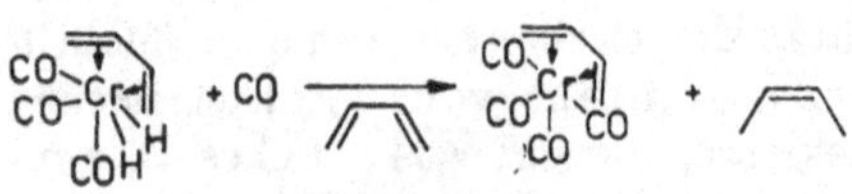

(138)

Die Zusammenfassung der Reaktionen (135) bis (138) gestattet die Formulierung des folgenden photokatalytischen Zyklus, der zunächst auf der photochemischen Katalysatorbildung und der sich anschließenden photoassistierten Hydrierungsreaktion beruht, wie aus Abb. 6.1 ersichtlich.

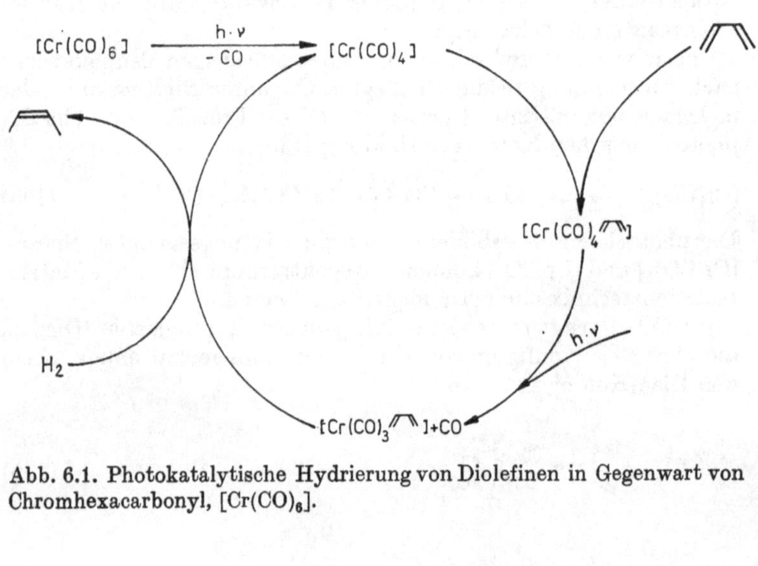

Abb. 6.1. Photokatalytische Hydrierung von Diolefinen in Gegenwart von Chromhexacarbonyl, $[Cr(CO)_6]$.

Hervorzuheben ist, daß die photokatalytischen Hydrierungsreaktionen mit Chromhexacarbonyl bei 0 °C und Wasserstoffnormaldruck durchgeführt wurden. Die gleiche Reaktion erfordert unter thermischen Bedingungen Temperaturen von $T > 150\,°C$ und einen Wasserstoffdruck von $p(H_2) > 1{,}5$ MPa. Gegenwärtig sind umfangreiche Untersuchungen zu registrieren, die sich mit der Aufklärung noch fehlender Detailkenntnisse bezüglich des vorgeschlagenen Reaktionsmechanismus beschäftigen sowie Versuche beinhalten, dieses Reaktionsprinzip auf weitere Metallcarbonyle, gemischte Carbonylkomplexe und auf eine größere Vielzahl von Olefinen zu übertragen. Deutlich zeichnet sich ab, daß insbesondere für thermisch nicht belastbare Olefine und für sterisch kontrollierte Hydrierungen der photokatalytische Reaktionsweg Vorteile aufweist.

Analoge Reaktionsmuster gelten für zahlreiche photokatalytische Isomerisierungs- (s. S. 111), Hydrosilylierungs- und Metathesereaktionen von Olefinen in Gegenwart von Metallcarbonylen. Auch Cycloadditions-, Dimerisierungs- und Oligomerisierungsreaktionen können photokatalytisch in Gegenwart von Metallcarbonylen initiiert werden.

Anhand der photokatalytischen Dimerisierung von Norbornadien läßt sich die unterschiedliche katalytische Wirkung verschiedener Metallcarbonyle demonstrieren; dieses Beispiel zeigt zugleich, daß durch die Auswahl des Photokatalysators breite Möglichkeiten der Reaktionssteuerung photokatalytischer Prozesse gegeben sind.

Norbornadien (NBD) unterliegt in Gegenwart von Chromhexacarbonyl der photokatalytischen Dimerisierung zu sogenannten Cyclobutandimeren, während Diels-Alder-Dimere nur in untergeordnetem Maße gebildet werden (139):

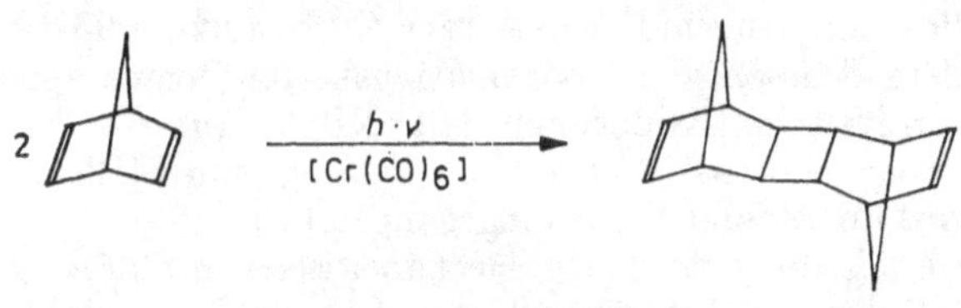

(139)

Die mechanistischen Details dieser Reaktion sind bisher noch nicht aufgeklärt, jedoch konnte $[Cr(CO)_4(NBD)]$ als reaktives Zwischenprodukt isoliert und strukturell identifiziert werden.

Das gleiche Substrat (NBD) liefert mit $[Fe(CO)_5]$ als Photokatalysator ein völlig unterschiedliches Produkt (140):

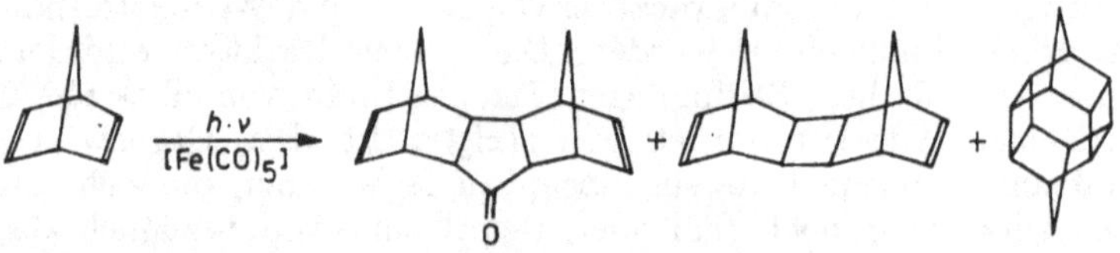

(140)

Als reaktives Zwischenprodukt konnte $[Fe(CO)_3(NBD)]$ isoliert werden, das sich jedoch hinsichtlich seiner thermischen und photochemischen Reaktivität deutlich von $[Cr(CO)_4(NBD)]$ unterscheidet.

Mit Nickeltetracarbonyl werden folgende Produkte gefunden, wenn es in Gegenwart von NBD bestrahlt wird (141):

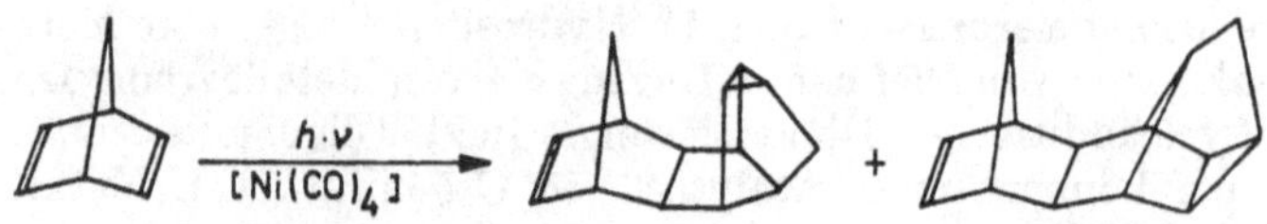

(141)

Neben $[Ni(CO)_4]$ wurden auch gemischte Nickelcarbonylkomplexe hinsichtlich ihrer photokatalytischen Reaktivität mit NBD untersucht. Dabei konnte im Falle der Verwendung von $[Ni(CO)_2(PPh_3)_2]$ eine völlig unterschiedliche Produktbildung im Vergleich zu $[Ni(CO)_4]$ nachgewiesen werden (142):

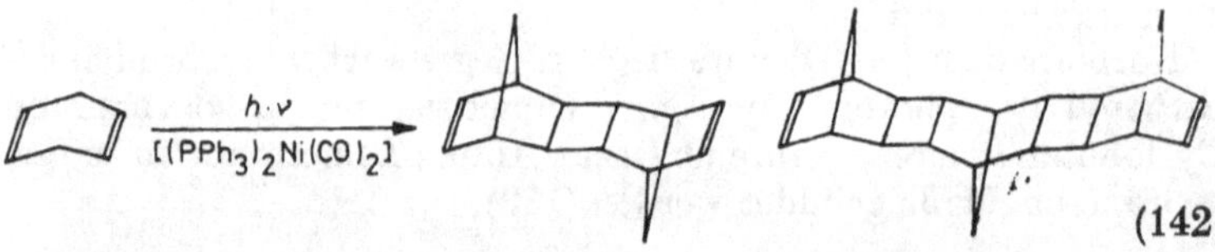

(142)

Neben Metallcarbonylen und gemischten Carbonylkomplexen zeigen auch andere Klassen von Koordinationsverbindungen spezifische photokatalytische Reaktionen mit NBD. Auf die besonders interessante photoassistierte Umwandlung von NBD in Quadricyclan wird an anderer Stelle eingegangen (s. S. 155).

Wenn bisher auch die detaillierte mechanistische Aufklärung der photokatalytischen Substratwandlung von NBD aussteht, so lassen die geschilderten Reaktionsbeispiele doch erkennen, daß neben der Reaktionssteuerung durch unterschiedliche Metallcarbonyle auch die Isolierung von thermolabilen Verbindungen ermöglicht wird. Das zeigt insbesondere auch der Vergleich mit dem thermischen Reaktionsweg: Mit Chromhexacarbonyl und Eisenpentacarbonyl ist thermisch, auch bei hohen Reaktionstemperaturen, mit NBD keine Substratwandlung zu beobachten; lediglich im Falle von $[Fe(CO)_5]$ kann die Bildung von Cyclopentanonderivaten beobachtet werden. Im Falle von Nickeltetracarbonyl werden unter thermischen Reaktionsbedingungen völlig andere Produkte erhalten als im Falle des photokatalytischen Reaktionsweges. Dieses Beispiel deutet zugleich auf eine mögliche Änderung des Reaktionsmechanismus bei Anwendung photokatalytischer Synthesewege hin.

Neben Metallcarbonylen sind eine Reihe weiterer Komplexverbindungen hinsichtlich ihrer Wirkung in photokatalytischen Substratwandlungsreaktionen untersucht worden. So wurde für bestimmte Rhodium(I)- und Kupfer(I)-Komplexe gefunden, daß sie interessante Oligomerisierungsreaktionen von Olefinen zu initiieren vermögen. Für Kupfer(I)-triflat (CuOTf) wurde nachgewiesen, daß es bei Lichteinstrahlung in Gegenwart von trans-Cyclohepten bemerkenswerte Cyclotrimerisierungsreaktionen auslöst (143):

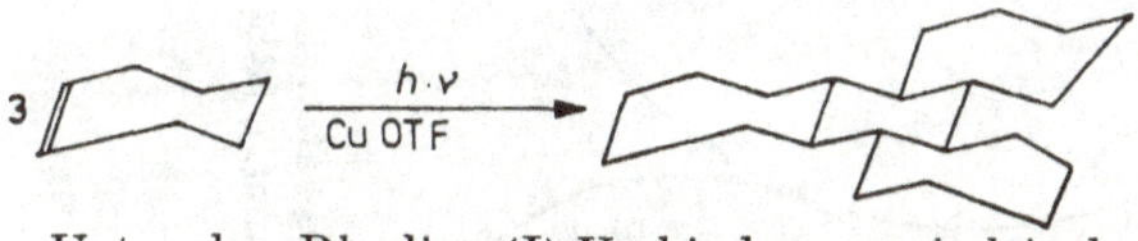

(143)

Unter den Rhodium(I)-Verbindungen sind insbesondere solche hinsichtlich ihrer photokatalytischen Reaktivität untersucht worden, von denen bekannt ist, daß sie wirksame Katalysatoren bei homogen-komplexkatalytischen Reaktionen sind. Dazu zählt zum Beispiel der WILKINSON-Katalysator $[RhCl(PPh_3)_3]$. FALTYNEK konnte zeigen, daß diese und weitere Rhodium(I)-Verbindungen ausgezeichnete Photokatalysatoren sind, insbesondere für photoinduziert-katalytische Hydrosilylierungsreaktionen. Dabei verhalten sich Phosphinkomplexe ähnlich wie Metallcarbonyle, da sie photochemisch unter Abspaltung von Phosphinliganden reagieren. In Gegenwart von Sauerstoff kann der Phosphinligand leicht zu Phosphinoxiden oxidiert werden, wodurch die bei Metallcarbonylen zu berücksichtigende Rekombination zum Ausgangskomplex unterdrückt werden kann, wie der folgende photoinduzierte katalytische Reaktionszyklus zeigt (s. Abb. 6.2).

Photoassistierte Isomerisierungsreaktionen von Olefinen sind auch in Gegenwart von Platin(II)-Komplexen untersucht worden. Dichloro-diammin-platin(II)-Komplexe spalten bei Lichteinstrahlung sehr leicht einen Aminliganden ab. Die auf diese Weise

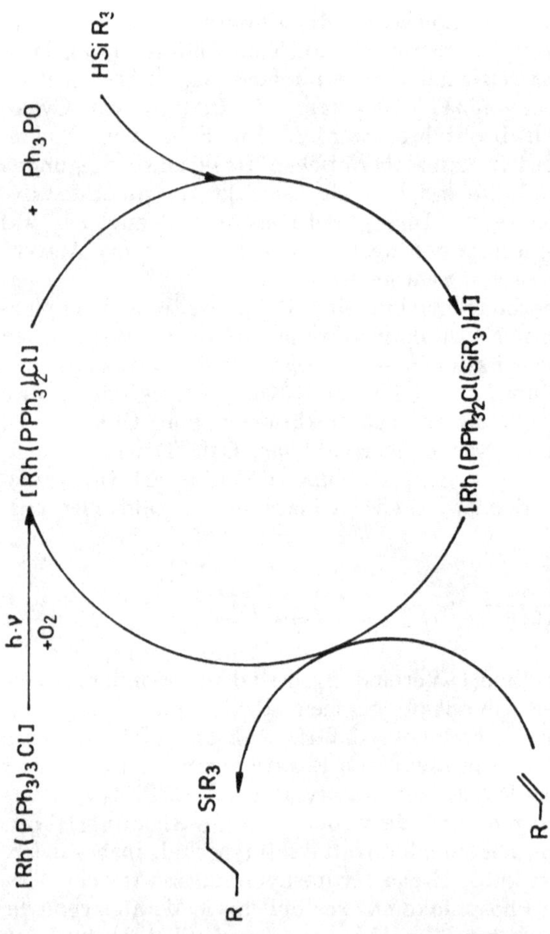

Abb. 6.2. Photoinduzierte katalytische Hydrosilylierung von Olefinen durch Tris(triphenylphosphin)chlororhodium(I), $[Rh(PPh_3)_3Cl]$.

entstehenden koordinativ ungesättigten Spezies dimerisieren sehr leicht zum katalytisch inaktiven Zweikernkomplex (144), (145):

$$2[PtCl_2(amin)_2] \xrightarrow{h\cdot\nu} 2[PtCl_2(amin)] + amin \tag{144}$$

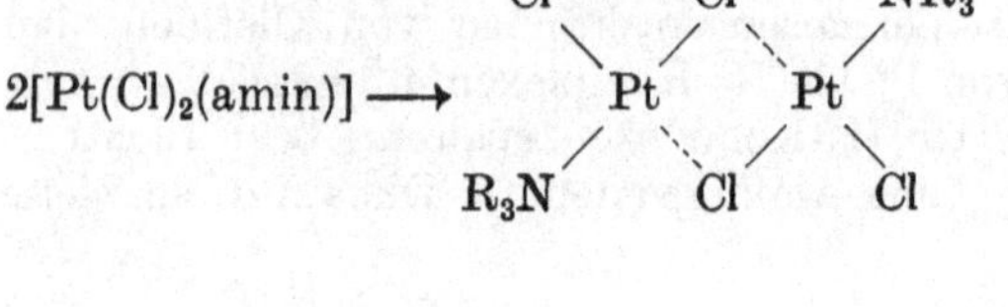

(145)

In Gegenwart von Olefinen kann jedoch die Dimerisierungsreaktion (145) zugunsten der Olefinkoordination unterbunden werden (146):

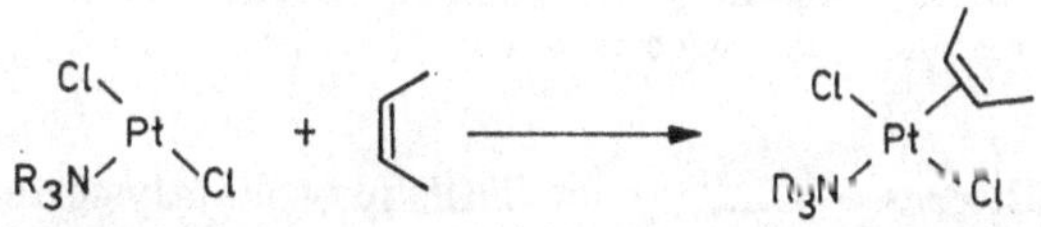 (146)

Solche Olefinkomplexe mit Platin(II) können zur photoassistierten cis-trans-Isomerisierung von Olefinen genutzt werden, wie das nachfolgende Reaktionsschema (Abb. 6.3) zeigt.

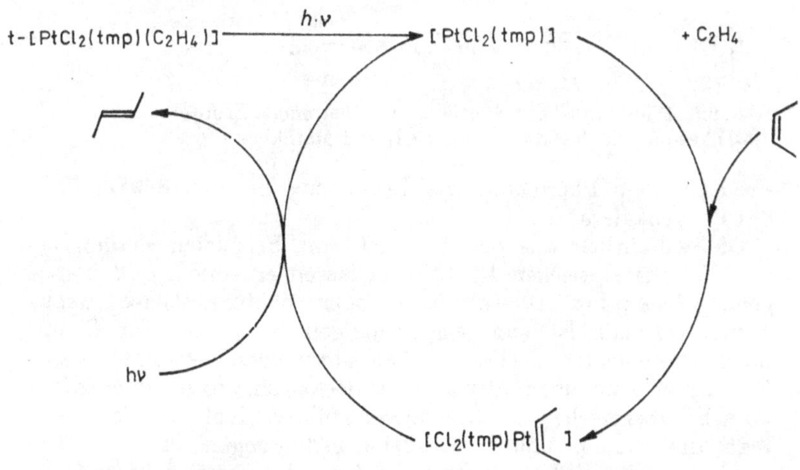

Abb. 6.3. Photoinduzierte katalytische Olefinisomerisierung mittels trans-$[PtCl_2(tmp)(C_2H_4)]$ (tmp = Tetramethylpyridin).

Neben diesen ausgewählten photokatalytischen Olefinwandlungsreaktionen sind auch andere Reaktionen organischer Substrate bekannt geworden, die lichtinduziert in Gegenwart von Metallkomplexen ablaufen. So wurde von KISCH ein interessanter Zugang zur photochemischen Funktionalisierung von Heterocyclen in Gegenwart von Eisenpentacarbonyl gefunden, ohne daß anhand der bisher vorliegenden Ergebnisse eindeutige mechanistische Aussagen getroffen werden können. Das stark vereinfachte Reaktionsschema (Abb. 6.4) gibt daher nur die Bruttoreaktion wider.

Abb. 6.4. Stark vereinfachte Darstellung der photoinduzierten Synthese von heterocyclischen Ketonen in Gegenwart von Eisenpentacarbonyl, $[Fe(CO)_5]$.

Von speziellem Interesse sind auch $TiCl_4$-photokatalysierte Reaktionen von Ketoverbindungen in Gegenwart von Alkoholen, die u. a. eine sehr effiziente Frontalinsynthese ermöglichen (Abb. 6.5):

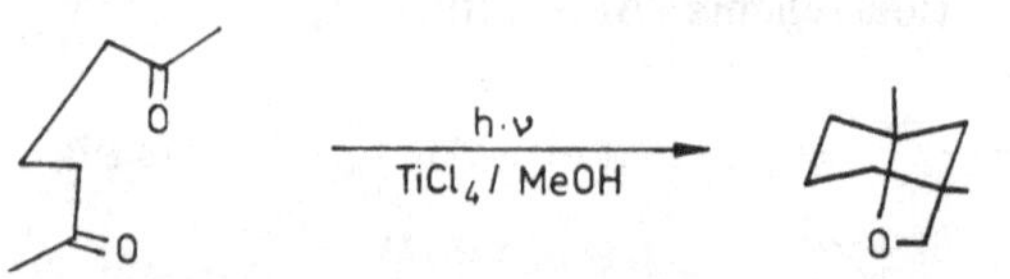

Abb. 6.5. Photoinduzierte Synthese des Pheromons Frontalin aus 1,5-Diketonen in Gegenwart von $TiCl_4$ und Methanol.

Frontalin, ein Pheromon, hat Bedeutung bei der Bekämpfung des Borkenkäfers.

Die willkürlich aus der Vielzahl von Beispielen ausgewählten photokatalytischen Reaktionen lassen erkennen, daß homogene photoinduziert-katalytische oder photoassistierte Reaktionen (oftmals ist zum gegenwärtigen Zeitpunkt auf Grund noch ausstehender mechanistischer Untersuchungen eine genaue Zuordnung zum einen oder anderen Reaktionstyp nicht möglich) zu sehr überraschenden Ergebnissen führen, insbesondere wenn man die extrem milden Reaktionsbedingungen bedenkt. Die wenigen ausgewählten Beispiele mögen die eingangs getroffene Aussage erhärten, daß für bestimmte Synthesen (s. z. B. die elegante Synthese von Frontalin), auch unter technischen Bedingungen, homogene photo-komplexkatalytische Reaktionen zu ökonomisch günstigeren Bedingungen mit aufwendigen thermischen Mehrstufenreaktionen erfolgreich konkurrieren können.

6.2. *Unkonventionelle (silberfreie bzw. -arme) photographische Prozesse* [90]

Trotz der technischen Perfektion, die die Silberhalogenidphotographie erreicht hat, wird weltweit nach silberfreien bzw. silberarmen chemischen Informationsaufzeichnungsverfahren gesucht.

Das läßt sich anhand der Patentliteratur eindeutig nachweisen. Die Gründe für die Suche nach neuen Wirkprinzipien für unkonventionelle Aufzeichnungsmaterialien liegen vorwiegend in der Begrenzung der Silbervorräte und der damit verbundenen Entwicklung des Silberpreises.

Wenn man bedenkt, daß seit der Entdeckung der Lichtempfindlichkeit von Silberhalogeniden mehr als 150 Jahre vergangen sind und wenn man berücksichtigt, daß der photographische Prozeß hinsichtlich des Verstärkungsfaktors (katalytische Zyklenzahl) das effektivste photoinduziert-katalytische Verfahren ist, dann sind zugleich die Maßstäbe gesetzt, an denen sich silberfreie Verfahren zu messen haben. Ohne auf die interessanten Detailfragen der generellen Konkurrenzfähigkeit silberfreier Aufzeichnungsmaterialien eingehen zu können, die kürzlich von Böttcher und Epperlein [91] zusammenfassend dargestellt worden sind, soll gezeigt werden, daß lichtempfindliche Koordinationsverbindungen prinzipiell den Aufbau solcher photoinduziert-katalytischer Systeme gestatten, die eine spektral-sensibilisierte und auch farbtüchtige Bildaufzeichnung ermöglichen. Allerdings sind bisher keine photokatalytischen Systeme auf der Basis lichtempfindlicher Koordinationsverbindungen bekannt, die annähernd mit der „Lichtempfindlichkeit" von Silberhalogenidsystemen konkurrieren können.

Brault konnte ein photokatalytisches System vorschlagen, das auf der Lichtempfindlichkeit des klassischen Werner-Komplexes Hexammincobalt(III) und der katalytischen Wirkung vom CoS beruht. Hexammincobalt(III)-Verbindungen unterliegen bei Einstrahlung in die CT-Region Photoredoxreaktionen, die zur Bildung von Cobalt(II) führen. Cobalt(II) reagiert in Gegenwart einer Sulfidionenquelle zu Cobalt(II)-sulfid. Von Cobalt(II)-sulfid, dem auf diese Weise photochemisch erzeugten Katalysator, ist bekannt, daß es Oxidationsreaktionen von $[Co(NH_3)_6]^{3+}$ zu katalysieren vermag: Hexammincobalt(III) reagiert in Gegenwart von CoS mit p-Phenylendiaminderivaten (Entwickler in der Farbphotographie) unter Bildung von Chinondiiminderivaten bei gleichzeitiger Bildung von Co(II) (147):

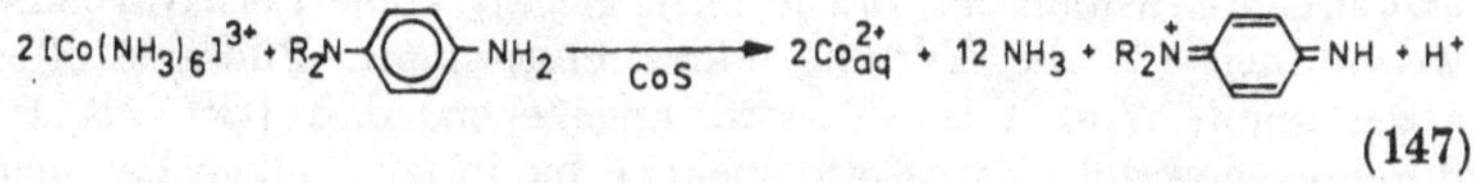

(147)

Die Bildung von Chinondiiminderivaten, den sogenannten Entwickleroxidationsprodukten, ermöglicht nun den mühelosen Anschluß an die Farbphotographie: Die photokatalytisch erzeugten p-Chinondiiminderivate reagieren mit Farbkupplern zu Azomethinfarbstoffen. Damit ergibt sich folgender photoinduzierter katalytischer Reaktionszyklus, der die Grundlage für ein unkonventionelles Bildaufzeichnungsverfahren bildet (Abb. 6.6):

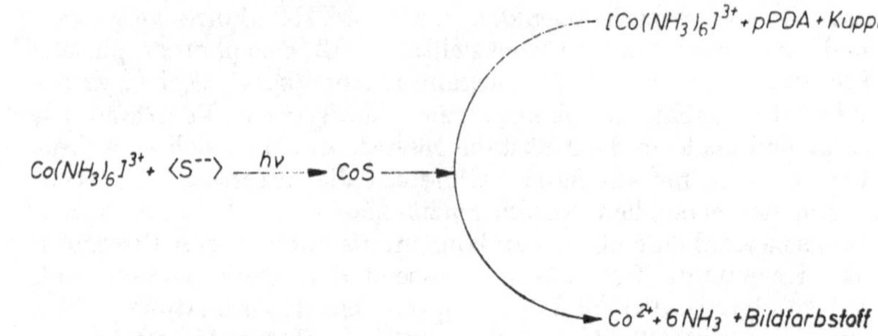

Abb. 6.6. Schematische Darstellung eines unkonventionellen Aufzeichnungsverfahrens nach Brault. Der photochemisch erzeugte Katalysator CoS bewirkt die Oxidation von p-Phenylendiaminderivaten (p-PDA) zu den entsprechenden p-Chinondiiminen (p-CDI), die mit Farbkupplern zu Bildfarbstoffen reagieren können. Das Oxidationsmittel ist Hexammincobalt(III), $[Co(NH_3)_6]^{3+}$.

Wie der Abb. 6.6 zu entnehmen ist, beruht das Bildaufbauprinzip auf der photochemischen Bildung des Katalysators Cobalt(II)-sulfid, der in einer nachfolgenden thermischen Reaktion, dem Entwicklungsprozeß, die Oxidation von p-Phenylendiaminderivaten zu p-Chinondiiminderivaten durch $[Co(NH_3)_6]^{3+}$ katalysiert. Chinondiiminderivate bilden mit Farbkupplern Azomethinfarbstoffe, in gleicher Weise, wie es von der Farbphotographie auf Silberhalogenidbasis bekannt ist.

Eine farbtüchtige Bildwiedergabe erfordert, neben der photoinduziert-katalytischen Farbstoffbildung, die spektrale Sensibilisierung und damit einen Mehrschichtenaufbau des Aufzeichnungssystems. Jede Schicht ist dann für einen bestimmten Spektralbereich sensibilisiert und je nach Negativ- oder Positivarbeitsweise auch für die Bildung eines bestimmten Bildfarbstoffes abgestimmt. Von Brault wird angegeben, daß $[Co(NH_3)_6]^{3+}$ durch ausgewählte Farbstoffe spektral bis in langwellige Bereiche sensibilisiert werden kann und daß auch ein Mehrschichtenaufbau möglich ist.

Wenn auch Vergleiche hinsichtlich der Konkurrenzfähigkeit der BRAULTschen Prinziplösung im Vergleich zum photographischen Silberhalogenidprozeß fehlen, so liegt doch mit diesem System ein interessanter Vorschlag vor, der den gezielten Aufbau photokatalytischer Reaktionen in Abhängigkeit vom angestrebten Anwendungszweck sehr eindrucksvoll verdeutlicht. Betont werden muß jedoch, daß eine technisch-physikalische Bewertung der Leistungsparameter solcher Prozesse oftmals sehr rasch die Grenzen (z. B. zu geringe katalytische Zyklenzahl oder ungenügend effiziente spektrale Sensibilisierung) für eine praktische Anwendung erkennen läßt, bzw. ihre Anwendungsgebiete z. B. für Kopierverfahren, in der Lithographie oder auf andere reprographische Verfahren eingeschränkt.

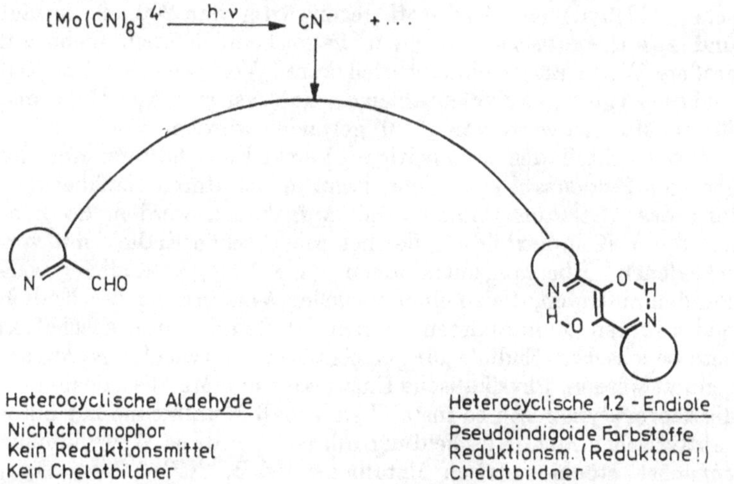

Abb. 6.7. Zusammenfassung der Eigenschaftsänderungen, die durch die photoinduzierte katalytische Bildung heterocyclischer Endiole aus heterocyclischen Aldehyden verursacht werden.

Eine andere Prinziplösung für die unkonventionelle Bildaufzeichnung beruht auf der cyanid-katalysierten Bildung von heterocyclischen 1,2-Endiolen aus entsprechenden Carb(2)-aldehyden (s. a. S. 106). Da der Katalysator, Cyanid, photochemisch aus Cyanometallaten erzeugt werden kann, wofür insbesondere Octacyanomolybdat(IV) wegen der hohen Bruttoquantenausbeute der Cyanidabspaltung ($\Phi \sim 4$) in Frage kommt, handelt es sich bei diesem Prozeß um eine photoinduzierte katalytische Reaktion, die, da sie auch in festen oder halbfesten Bindemittelschichten abläuft, für eine unkonventionelle Informationsaufzeichnung genutzt werden kann (Abb. 6.7).

Die in Abb. 6.7 angegebenen Eigenschaftsänderungen, die mit der photokatalytischen Bildung heterocyclischer Endiole aus heterocyclischen Aldehyden verbunden sind, bilden die Grundlage für einen Bildaufbau.

Detaillierte Untersuchungen von WEISSENFELS [76] ergaben, daß sich heterocyclische Endiole wie pseudo-indigoide Farbstoffe verhalten. Photokatalytische Farbstoffbildung aus Nichtfarbstoffen ist damit die Bildaufbaureaktion. Die Farbstoffbildungsreaktion ist jedoch dadurch begrenzt, daß der Unterschied des Absorptionsmaximums zwischen Farbstoffvorstufe (heterocyclischer Aldehyd) und Farbstoff gegenwärtig nur 200 nm beträgt und aus theoretischen Gründen wahrscheinlich auch nicht auf größere Werte ausgedehnt werden kann. Von weiterem Nachteil sind die zu geringen Zyklenzahlen der katalysierten Endiolbildung, für die Maximalwerte von $\leqq 10^2$ gefunden wurden.

Der Nachteil des zu niedrigen Verstärkungsfaktors, der der geringen Zyklenzahl entspricht, kann jedoch durch Nachbehandlung des „latenten Endiolbildes“ aufgehoben werden. So können durch Komplexbildung der heterocyclischen Endiole mit verschiedenen Übergangsmetallionen (s. S. 108) zusätzliche CT-Banden auftreten, die zu einer visuellen Verstärkung des Endiolbildes führen. Zum anderen können die Reduktionseigenschaften heterocyclischer Endiole für physikalische Entwicklungsprozesse genutzt werden. Physikalische Entwickler sind Metallsalzlösungen, die thermodynamisch so instabil sind, daß Metallkeime zur autokatalytischen Metallabscheidung führen. Auf diese Weise können zunächst stöchiometrisch Metallionen (z. B. Ni^{2+}, Cu^{2+}, Ag^{+}) durch heterocyclische Endiole zu Metallen reduziert und durch einen sich anschließenden physikalischen Entwicklungsprozeß zu Metallbildern entwickelt werden. In Abhängigkeit von der Wirksamkeit der physikalischen Entwicklerlösung können dabei prinzipiell beliebig hohe Verstärkungsfaktoren erreicht werden. Wählt man zur Metallabscheidung Silberlösungen, dann lassen sich wiederum die Farbstoffbildungsprozesse der Silberhalogenidphotographie anschließen. Der Vorteil besteht darin, daß Silber nicht in der lichtempfindlichen Schicht enthalten ist und durch Recycling vollständig zurückgewonnen werden kann.

Die experimentell gesicherte Möglichkeit der photoinduzierten katalytischen Farbstoffbildung ist aber nicht mit einer Farbtüchtigkeit des diskutierten Aufzeichnungsverfahrens gleichzusetzen, da Farbtüchtigkeit in jedem Falle die spektrale Sensibilisierung von farbstoffbildenden Einzelschichten in bestimmten Spektralbereichen zur Voraussetzung hat. Über die Grenzen und Möglichkeiten der spektralen Sensibilisierung photokatalytischer Systeme, die hier ihre konkrete Widerspiegelung finden, wurde ausführlich in Kap. 5 berichtet.

Neben den ersichtlichen Nachteilen der vorgestellten photokatalytischen Systeme, die sie im Vergleich zur Silberhalogenidphotographie aufweisen, ist aber ein genereller Vorteil hervorzuheben, der darauf beruht, daß sie nicht auf der Lichtempfindlichkeit von Kristallen (AgX-Korn) beruhen, so daß die dadurch bedingten Grenzen der optischen Auflösung von vornherein nicht gegeben sind. Dieser Sachverhalt ist für Spezialanwendungen, z. B. in der Mikrolithographie, von speziellem Interesse.

6.3. Wandlung und Speicherung von Sonnenenergie durch photokatalytische Systeme [92]

Bei der Suche nach alternativen Energiequellen findet die Nutzung der Sonnenenergie zunehmendes Interesse. Von Zamaraev und Parmon [93] wurden in sehr übersichtlicher und plausibler Weise alle Argumente für und gegen die prinzipielle Möglichkeit der Nutzung der Sonnenenergie als alternative Energiequelle zusammengetragen, wobei die naturwissenschaftliche Herausforderung in der Photosynthese der grünen Pflanzen besteht, die hinsichtlich der umgesetzten Stoffmengen allen artifiziellen Stoffwandlungsprozessen (einschließlich des Erzbergbaus) weit überlegen ist und die von Ostwald [94] nahezu poetisch, aber sehr zutreffend, als „Mühle des Lebens" bezeichnet wurde.

Der Energiespeicherung in Form eines chemischen Produktes liegt das in Abb. 6.8 dargestellte Schema zugrunde.

Ein möglichst leicht zugänglicher und billiger Rohstoff A wird durch Lichtabsorption in den angeregten Zustand *A überführt, von wo aus die Bildung des Brennstoffes B erfolgt. B soll kinetisch möglichst stabil sein und erst nach Zugabe eines Katalysators K oder nach thermischer Aktivierung (ΔG^{+}) unter Energieabgabe in den Ausgangsstoff überführt werden. Auf diese Art ist es möglich, den Betrag ΔG als chemische Energie zu speichern und bei Bedarf wieder freizusetzen.

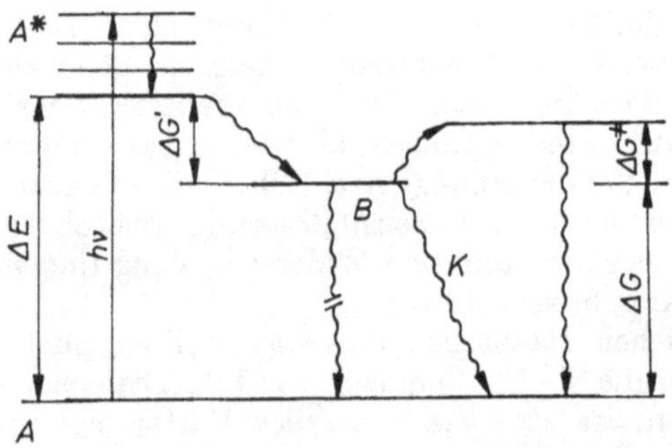

Abb. 6.8. Energieschema für die photochemische Erzeugung eines Brennstoffes B aus dem Rohstoff A.

Neben der Suche nach Systemen, die die prinzipielle Durchführung eines derartigen Prozesses gestatten und für die anschließend einige Beispiele aufgeführt sind, spielt für die praktische Nutzung die Effizienz der Energieumwandlung eine entscheidende Rolle.

Das dargestellte Schema macht bereits deutlich, daß eine vollständige Wandlung der Sonnenenergie in chemische Energie nicht möglich ist. So werden alle Photonen, deren Energie kleiner als ΔE ist, vom System nicht absorbiert. Außerdem führt die Absorption von Photonen mit einer größeren Energie als ΔE zur Population höherer Schwingungszustände, deren Energie ebenfalls nicht im Produkt B gespeichert werden kann. Weitere Verluste ergeben sich, wenn die Quantenausbeute der Produktbildung kleiner als 1 ist. Darüber hinaus muß aus kinetischen Gründen das Produkt B gegenüber *A thermodynamisch stabilisiert sein ($\Delta G' < 0$). Unter Berücksichtigung aller Faktoren, einschließlich der spektralen Verteilung der Sonnenstrahlung, wurde in Abhängigkeit von der Schwellenenergie ΔE die theoretisch erreichbare Effizienz der Energieumwandlung berechnet [92]. Diese hat bei einer Wellenlänge von etwa 840 nm ein Maximum von etwa 32% und fällt nach kürzeren Wellenlängen hin steil ab, so daß für photoempfindliche Systeme, die unterhalb 290 nm absorbieren, keine Sonnenenergiewandlung mehr möglich ist. Im Vergleich zu diesem theoretischen Maximalwert wurde mit einer unter optimierten Laborbedingungen durchgeführten Photosynthese ein Wirkungsgrad von 5···6% erzielt, während die Photosynthese in der Natur Werte um 1% erreicht.

Die direkte Umwandlung von Sonnenenergie in chemische Energie ist von Vorteil, da im Unterschied zur Wandlung in elektrische Energie (z. B. durch Solarzellen), die Energiespeicherung in Form eines chemischen Produktes über beliebig lange Zeiträume erfolgen kann.

Anhand von 2 ausgewählten Beispielen, der photokatalysierten Wasserzersetzung in H_2 und O_2 sowie der Freisetzung gespeicherter chemischer Energie in Form von Wärme, die auf der Wirksamkeit lichtempfindlicher Koordinationsverbindungen beruhen, sollen Prinziplösungen veranschaulicht werden, die den gegenwärtigen Entwicklungsstand verdeutlichen mögen.

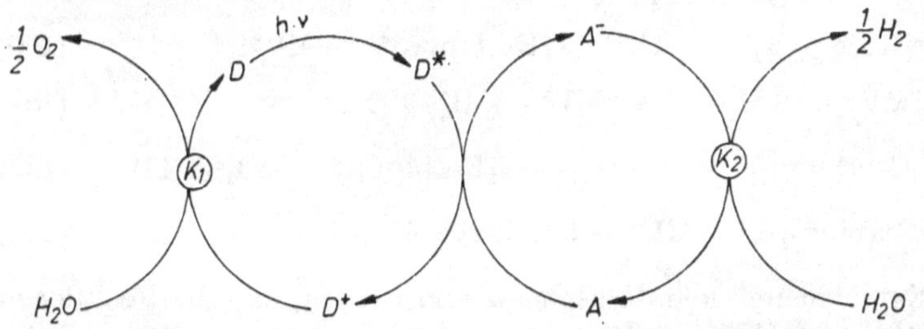

Abb. 6.9. Schema der Wasserphotolyse mittels Elektronenübertragung von elektronisch angeregten Donoren (*D) auf entsprechende Akzeptoren (A) und in Gegenwart von thermischen Hilfskatalysatoren (K_1 bzw. K_2).

Ein allgemeines Reaktionsschema für die photokatalysierte Wasserzersetzung ist in Abb. 6.9 wiedergegeben.

Das Problem besteht darin, Donoren (D) zu finden, die im sichtbaren Spektralbereich absorbieren (spektrale Sensibilisierung zusätzlich erforderlich) und im angeregten Zustand (*D) über ein ausreichend hohes Oxidationspotential verfügen, so daß ein geeigneter Akzeptor A zu A^- reduziert werden kann. Weiterhin muß durch eine schnelle Ladungstrennung zwischen D^+ und A^- verhindert werden, daß die Elektronenrückübertragung zur Rückbildung von A und D führt (148):

$$D^+ + A^- \xrightarrow[k_r]{} D + A \qquad (148)$$

Die Kombination von D/D^+ und A^-/A muß so gewählt werden, daß D^+ ein ausreichend starkes Oxidationsmittel und A^- ein entsprechend starkes Reduktionsmittel ist, um mit H_2O unter Bildung von Wasserstoff und Sauerstoff zu reagieren. Thermische Hilfskatalysatoren (K_1 und K_2) können diesen Prozeß unterstützen.

Zahlreiche Komplexverbindungen sind hinsichtlich ihrer Donoreigenschaften bei der photokatalytischen Wasserzersetzung untersucht worden. Breites Interesse hat dabei Tris(bipyridin)-ruthenium(II) ($[Ru(bipy)_3]^{2+}$) gefunden und als Akzeptor wurden Methylviologen sowie andere Amine eingehend untersucht. Mit $[Ru(bipy)_3]^{2+}$ als Donor und Methylviologen (MV^{2+}) als Akzeptor lassen sich die folgenden Reaktionsgleichungen (149) bis (153) formulieren, die im Prinzip dem in Abb. 6.9 formulierten Zyklus der photoassistierten Wasserzersetzung völlig entsprechen:

$$[Ru(bipy)_3]^{2+} \underset{}{\overset{h \cdot \nu}{\rightleftharpoons}} {}^*[Ru(bipy)_3]^{2+} \tag{149}$$

$$^*[Ru(bipy)_3]^{2+} + MV^{2+} \rightarrow [Ru(bipy)_3]^{3+} + MV^{+} \tag{150}$$

$$2MV^{+} + 2\,H_2O \xrightarrow[K_1]{} 2MV^{2+} + H_2 + OH^{-} \tag{151}$$

$$4[Ru(bipy)_3]^{3+} + 2\,H_2O \xrightarrow[K_2]{} 4[Ru(bipy)_3]^{2+} + O_2 + 4\,H^{+} \tag{152}$$

$$[Ru(bipy)_3]^{3+} + MV^{+} \rightarrow [Ru(bipy)_3]^{2+} + MV^{2+} \tag{153}$$

Experimentell konnte nachgewiesen werden, daß die Reaktionen (151) und (152) zur Wasserzersetzung in der angegebenen Weise führen, wobei durch die Anwendung von thermischen Hilfskatalysatoren in Form von kolloidalem Platin (K_1) und Rutheniumdioxid (K_2) die Probleme, die sich aus der erforderlichen Mehrelektronenübertragung ergeben, zumindest partiell überwunden werden konnten. Größere Probleme bereitet dagegen die Überwindung der Elektronenrückübertragung gemäß Gl. (153). Mittels Membranen, Mikroemulsionen und Micellen wird versucht, die erforderliche schnelle Ladungstrennung zu erreichen.

Neben $[Ru(bipy)_3]^{2+}$ und MV^{2+} sind eine Vielzahl weiterer Donoren und Akzeptoren untersucht worden, um den in Abb. 6.9 formulierten Reaktionszyklus zu realisieren. Dabei konzentriert sich die Suche auf solche Verbindungen, die einer möglichst hohen Zyklenzahl standhalten, ohne durch Nebenreaktionen zerstört zu werden sowie auf Clusterverbindungen, die die Möglichkeit einer simultanen Mehrelektronenübertragung gemäß der Gln. (151) und (152) begünstigen. Um dieses Ziel zu erreichen, wird auch nach weiteren „Mikroelektroden", neben Pt und RuO_2, gesucht, um Nebenreaktionen von primär gebildeten $H^{\cdot}$- und $OH^{\cdot}$-Radikalen zu umgehen und um eine schnelle H_2- und O_2-Bildung zu bewirken. Des weiteren wird versucht, die erforderliche, schnelle Ladungstrennung von A^- und D^+ durch Anwendung von Halbleiterdispersionen von TiO_2, CdS und GaAs zu erzielen, wofür der Energieunterschied zwischen Valenz- und Leitfähigkeitsband als Barriere gegen die Elektronenrückübertragung genutzt werden soll.

Die geschilderten Fakten deuten die Probleme an, die der Realisierung von photokatalytischen Systemen noch entgegenstehen, die eine kontinuierliche Wasserphotolyse bei Sonneneinstrahlung gemäß Abb. 6.9 ermöglichen. Eine Vielzahl von weiteren Fragen, wie z. B. die Trennung der Photolysezelle in einen sauerstoff- und einen wasserstofferzeugenden Teil, kann hier nur angedeutet werden.

Eine prinzipiell andere Möglichkeit der Umwandlung von Sonnenenergie in chemische Energie wurde von KUTAL [95] vorgeschlagen. Sie beruht auf der bekannten photochemischen Valenzisomerisierung von Norbornadien (NBD) in Quadricyclan (Q) (154):

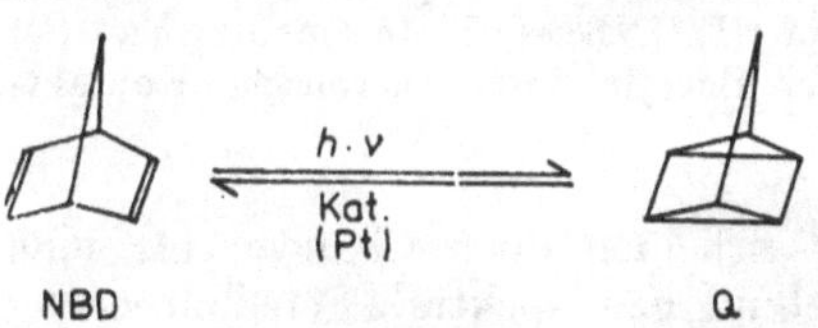

(154)

Die Umwandlung von Norbornadien in Quadricyclan ist mit einer Energiespeicherung verbunden, da Q über eine Exzeßenergie von ca. 1 kJ · g^{-1} im Vergleich zu NBD verfügt. Diese Energie wird bei der Rückisomerisierung von Q zu NBD (154), die z. B. durch Platin katalysiert werden kann, in Form von Wärme abgegeben. In Abwesenheit von Katalysatoren ist Quadricyclan stabil und kann über Jahre unverändert aufbewahrt werden.

Der Anwendung der photoinduzierten Valenzisomerisierungsreaktion (154) zur Speicherung von Sonnenenergie steht jedoch der Umstand entgegen, daß Norbornadien nur unterhalb 300 nm Licht absorbiert und daher nicht in der Lage ist bei Einstrahlung von Sonnenlicht zu reagieren. KUTAL konnte nun zeigen, daß NBD in der Lage ist, mit Kupfer(I) Komplexe zu bilden, die durch CT-Übergänge gekennzeichnet sind, die die Möglichkeit der Absorption von Sonnenlicht des ultravioletten Spektralbereiches eröffnen. Abbildung 6.10 zeigt den photoassistierten Reaktionszyklus, der diesem Wirkprinzip zugrunde liegt.

Wenn auch die spektrale Empfindlichkeit der in Abb. 6.10 wiedergegebenen photoassistierten Reaktion hinsichtlich der Nutzung eines größeren Bereiches der Energie des Sonnenspek-

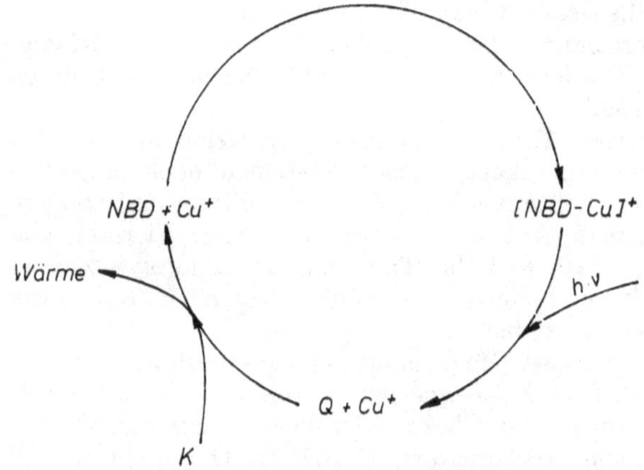

Abb. 6.10. Speicherung von Sonnenenergie durch photochemische Umwandlung von Norbornadien-kupfer(I), $[NBD\text{-}Cu]^+$, in Quadricyclan (Q) und Gewinnung von thermischer Energie durch thermische Kontaktkatalysatoren (K).

trums unbefriedigend ist, so scheinen doch Chancen für eine weitere bathochrome Verschiebung bzw. spektrale Sensibilisierung von Reaktion (154) gegeben zu sein.

6.4. *Vor- und Nachteile der Applikation photokatalytischer Systeme*

Anhand von drei ausgewählten Beispielen aktueller Anwendungsgebiete von photokatalytischen Reaktionen wurde versucht, einige Aspekte sich andeutender künftiger Entwicklungen darzustellen. Ohne auf weitere mögliche Applikationsrichtungen wie z. B. die Photopolymerisation, photokatalytische Reaktionen in Organisaten, Modelluntersuchungen an lichtempfindlichen Metalloenzymen zum Zwecke ihrer praktischen Nutzung, oder die Anwendung photokatalytischer Reaktionen zur Detoxifikation und zum Abbau umweltbelastender Schadstoffe und Abprodukte eingehen zu können, lassen sich wichtige Vor- und Nachteile der industriellen Anwendung photokatalytischer Reaktionen wie folgt formulieren:

1. Von Vorteil ist die bequeme photochemische Erzeugung katalytisch reaktiver Spezies, wobei koordinativ ungesättigte

Verbindungen, freie Liganden, Komplexe oder Liganden mit veränderter formaler Oxidationszahl besonders hervorzuheben sind. Im Unterschied zu thermischen Reaktionen sind die photochemisch erzeugten katalytisch reaktiven Spezies zumeist eindeutig hinsichtlich ihrer Zusammensetzung und Struktur charakterisierbar.

2. Das zur Initiierung photokatalytischer Reaktionen erforderliche Licht kann leicht hinsichtlich Energie (Wellenlänge) und Intensität (Menge der Photonen einer bestimmten Energie $h \cdot \nu$) abgestimmt werden. Durch Anregung unterschiedlicher elektronisch angeregter Zustände von Koordinationsverbindungen (LF, CT, IL) ist unter bestimmten Umständen eine Reaktionssteuerung durch Einstrahlung von Licht unterschiedlicher Energie möglich.
3. In Abhängigkeit vom jeweiligen Applikationsaspekt können weitere Steuerungsfunktionen des Lichtes durch den Aufbau photoassistierter (Start der Reaktion durch Lichteinstrahlung, Abbruch bei Bestrahlungsende) bzw. photoinduzierter katalytischer Reaktionszyklen (Reaktionsablauf auch nach Beendigung der Bestrahlung) angewandt werden.
4. Photokatalytische Reaktionen können unter sehr milden Bedingungen durchgeführt werden. Das ist von Vorteil für die Synthese wärmeempfindlicher Verbindungen. Die Tieftemperaturphotolyse ermöglicht die Isolierung und Identifizierung einer Vielzahl von reaktiven Zwischenprodukten und gestattet damit die Aufklärung von Reaktionsmechanismen photokatalytischer und auch homogen-katalytischer Reaktionen.

Folgende Nachteile sind bei einer Nutzung photokatalytischer Reaktionen in Betracht zu ziehen:

1. Schnelle Elektronenrückübertragungsprozesse bzw. Rekombinationsreaktionen können die Effizienz photokatalytischer Reaktionen beträchtlich vermindern bzw. völlig unterdrücken. Auf mögliche Ansätze zur Überwindung dieses Problems wurde hingewiesen.
2. Probleme, die sich aus der für bestimmte Applikationen erforderlichen spektralen Sensibilisierung ergeben, wurden ausführlich dargelegt.
3. Unzureichende Zyklenzahlen können durch photochemische Zerstörung des Katalysators oder durch unkontrollierte Nebenreaktionen hervorgerufen werden. An ausgewählten Beispielen konnte nachgewiesen werden, daß Optimierungen in Abhängig-

keit von der gewünschten Zielfunktion erfolgreich vorgenommen werden können.

4. Bestimmte technische Anforderungen, die gleichfalls einer umfassenden Nutzung photokatalytischer Reaktionen entgegenstehen können sind für verschiedene Anwendungszwecke eingehend untersucht worden (z. B. für unkonventionelle Aufzeichnungsverfahren [91], für die Sonnenenergiewandlung [93] und für die Synthese organischer Verbindungen [96, 97]).

Wenn man bedenkt, daß photokatalytische Reaktionen auf der Basis lichtempfindlicher Koordinations- bzw. Organometallverbindungen erst seit ca. 10 Jahren gezielt untersucht werden, dann werden wohl erst die folgenden Jahre zeigen, ob unter Laborbedingungen faszinierend funktionierende photokatalytische Reaktionen auch einer praktischen Überprüfung unter industriellen Bedingungen standhalten können.

7. Literatur

[1] Balzani, V. und Carassiti, V.: "*Photochemistry of Coordination Compounds*", Academic Press, New York, 1970.
[2] Becker, H. G.. O. und Mitarb.: „*Einführung in die Photochemie*", VEB Deutscher Verlag der Wissenschaften, Berlin, 1983.
[3] Calvert, J. G. und Pitts, J. N.: "*Photochemistry*", Wiley, New York, 1966.
[4] Turro, N. J.: "*Modern Molecular Photochemistry*", Benjamin-Cummings, Menlo Park, 1978.
[5] Cowan, D. O. und Drisko, R. L.: "*Elements of Organic Photochemistry*", Plenum Press, New York/London, 1978.
[6] J. Chem. Educat. **59** (**6**) (1982).
[7] Adamson, A. W.: J. Chem. Educat. **60** (1983), 797.
[8] Schläfer, H. L. und Gliemann, G.: „*Einführung in die Ligandenfeldtheorie*", Akademische Verlagsgesellschaft Geest & Portig K.-G., Leipzig, 1967.
[9] Kasha, M.: Discuss. Faraday Soc. **9** (1950), 14.
[10] De Armond, M. K. und Carlin, C. M.: Coord. Chem. Rev. **36** (1981), 325.
[11] McMillin, D. R., Kirchhoff, J. R. und Goodwin, K. V.: Coord. Chem. Rev. **64** (1985), 83.
[12] Langford, C. H.: Acc. Chem. Res. **17** (1984), 96.
[13] (a) Brown, D. (Hrsg.): "*Mixed Valence Compounds*", Reidel, Dordrecht, 1980;
(b) Hush, N. S.: Progr. Inorg. Chem. **8** (1967), 391;

(c) Robin, M. B. und Day, P : Adv. Inorg. Radiochem. **10** (1967), 247;
(d) Creutz, C.: Progr. Inorg. Chem. **30** (1983), 1.

[14] Crosby, G. A., Highland, R. G. und Truesdall, K. A.: Coord. Chem. Rev. **64** (1984), 159.

[15] Crosby, G. A.: Acc. Chem. Res. 8 (1975), 231; J. Chem. Educat. **60** (1983), 791.

[16] Demas, J. N.: "*Excited State Lifetime Measurements*", Academic Press, New York, 1983.

[17] Ware, W. R. in: "*Creation and Detection of the Excited State*" (Hrsg.: E. Lamola), Bd. 1, Marcel Dekker, New York, 1971.

[18] Demas, J. N. : J. Chem. Educat. **60** (1983), 803.

[19] Gorman, A. A. und Rodgers, M. A. J.: Chem. Soc. Rev. **10** (1985), 205.

[20] Kaplan, M. L.: Chem. Tech. (1971), 621.

[21] Balzani, V., Moggi, L., Manfrin, M. F., Bolletta, F. und Laurence, G. S.: Coord. Chem. Rev. **15** (1975), 321.

[22] Scandola, F. und Balzani, V.: J. Chem. Educat. **60** (1983), 814.

[23] Balzani, V., Bolletta, F., Gandolfi, M. T. und Maestri, M.: Top. Curr. Chem. **75** (1978), 1.

[24] Meyer, T. J.: Progr. Inorg. Chem. **30** (1984), 389.

[25] Sutin, N.: Progr. Inorg. Chem. **30** (1983), 441.

[26] Sutin, N. und Creutz, C.: J. Chem. Eudcat. **60** (1983), 809.

[27] Cannon, R. D.: "*Electron Transfer Reactions*", Butterworths, London, 1980.

[28] Rehm, D. und Weller, A.: Ber. Bunsenges. Physikal. Chem. **73** (1969), 834.

[29] Wasielewski, M. R., Niemczyk, M. P., Svec, W. A. und Pewitt, E. B.: J. Amer. Chem. Soc. **107** (1985), 1080.

[30] Balzani, V. und Bolletta, F.: Comments Inorg. Chem. **2** (1983), 211.

[31] Endicott, J. F.: J. Chem. Educat. **60** (1983), 824.

[32] Geoffroy, G. L. und Wrighton, M. S.: "*Organometallic Photochemistry*", Academic Press, New York, 1979.

[33] Ford, P. C., Wink, D. und Di Benedetto, J.: Progr. Inorg. Chem. **30** (1983), 213.

[34] Ford, P. C.: Coord. Chem. Rev. **44** (1982), 61.

[35] Ford, P. C.: J. Chem. Educat. **60** (1983), 829.

[36] Di Benedetto, J. und Ford, P. C.: Coord. Chem. Rev. **64** (1985), 361.

[37] Adamson, A. W.: J. Phys. Chem. **71** (1967), 798.

[38] Van Quickenborne, L. G. und Ceulemans, A.: Coord. Chem. Rev. **47** (1983), 157.

[39] Schäfer, C. E.: Pure Appl. Chem. **24** (1970), 361.

[40] Kirk, A. D.: J. Chem. Educat. **60** (1983), 843.

[41] Henry, M. S. und Hoffmann, M. Z.: Adv. Chem. Ser. **168** (1978), 91.

[42] WOODWARD, R. B. und HOFFMANN, R.: Angew. Chem. **81** (1969), 797.
[43] SKIBSTED, L. H.: Coord. Chem. Rev. **64** (1985), 343.
[44] FLEISCHAUER, P. D., ADAMSON, A. W. und SARTORI, G.: Progr. Inorg. Chem. **17** (1972), 1.
[45] LANGFORD, C. H.: J. Amer. Chem. Soc. **105** (1985), 1190.
[46] SERPONE, N. und HOFFMAN, M. Z.: J. Chem. Educat. **60** (1983), 853.
[47] CHUM, H. L., KORAN, D. und OSTERYOUNG, R. A.: J. Amer. Chem. Soc. **100** (1978), 310.
[48] JULLIARD, M. und CHANON, M.: Chem. Rev. **83** (1983), 425.
[49] CHANON, M. und TOBE, M. L.: Angew. Chem. **94** (1982), 27.
[50] VOGLER, A., WRIGHT, R. E. und KUNKELY, H.: Angew. Chem. **92** (1980), 745.
[51] ENDICOTT, J. F.: Surv. Progr. Chem. **7** (1976), 51.
[52] ENDICOTT, J. F. in: "*Concepts of Inorganic Photochemistry*" (Hrsg.: A. W. ADAMSON und P. D. FLEISCHAUER), Wiley, New York 1975, Kap. 3, S. 81.
[53] POZNYAK, A. L. und PAVLOVSKI, V. I.: Z. Chem. **21** (1981), 74; Zh. Neorg. Khim. **26** (1981), 539; Zh. Neorg. Khim. **24** (1979), 713.
[54] POZNYAK, A. L., PAVLOVSKI, V. I., CHUKLANOVA, E. B., POLYNOVA, T. N. und PORAI-KOSHITS, M. A.: Mh. Chem. **113** (1982), 561.
[55] WATTS, R. J.: J. Chem. Educat. **60** (1983), 834.
[56] PETERSEN, J. D., MURPHY, W. R., SAHAI, R., BREWER, K. J. und RUMINSKI, R. R.: Coord. Chem. Rev. **64** (1985), 261.
[57] FOX, M. A.: Quart. Rev. **24** (1970), 565.
[58] FOX, M. A. in: "*Concepts of Inorganic Chemistry*" (Hrsg.: A. W. ADAMSON und P. D. FLEISCHAUER), Wiley, New York, 1975, Kap. 8, S. 333.
[59] NOYES, R. M.: J. Amer. Chem. Soc. **77** (1955), 2042; J. Amer. Chem. Soc. **78** (1956), 5486.
[60] SARGESON, A. M.: Pure Appl. Chem. **56** (1984), 1603.
[61] PINA, F., MULAZZANI, Q. G., VENTURI, M., CIANO, M. und BALZANI, V.: Inorg. Chem. **24** (1985), 848.
[62] HENNIG, H., REHOREK, A., REHOREK, D. und THOMAS, P.: Inorg. Chim. Acta **86** (1984), 41; ACS Symp. Ser. **307** (1986), 104.
[63] VOGLER, A., OSMAN, A. H. und KUNKELY, H.: Coord. Chem. Rev. **64** (1985), 159.
[64] HOPF, F. R. und WHITTEN, D. G. in: "*The Porphyrins*", Bd. IIb, (Hrsg.: D. DOLPHIN), Academic Press, New York, 1978, Kap. 6, S. 161ff.
[65] MAUZERALL, D. in: "*The Porphyrins*", Bd. Vc (Hrsg.: D. DOLPHIN), Academic Press, New York, 1978, Kap. 2, S. 29ff.
[66] WHITTEN, D. G.: J. Chem. Educat. **60** (1983), 867.
[67] BERING, C. L.: J. Chem. Educat. **62** (1985), 659.
[68] CARASSITI, V.: EPA Newsl. **21** (1984), 12.
[69] (a) HENNIG, H., REHOREK, D. und ARCHER, R. D.: Coord. Chem. Rev. **61** (1985), 1;

(b) HENNIG, H., THOMAS, P., WAGENER, R., REHOREK, D. und JURDECZKA, K.: Z. Chem. **17** (1977), 241.
[70] SALOMON, R. G.: Tetrahedron **39** (1983), 485.
[71] MOGGI, L., JURIS, A., SANDRINI, D. und MANFRIN, M. F.: Rev. Chem. Intermed. **4** (1981), 171; **5** (1984), 107.
[72] PLOTNIKOW, J.: „*Lehrbuch der Allgemeinen Photochemie*", Walter de Gruyter, Berlin/Leipzig, 1920.
[73] BALZANI, V., BOLLETTA, F., CIANO, M. und MAESTRI, M.: J. Chem. Educat. **60** (1983), 447.
[74] OSTWALD, W.: „*Prinzipien der Chemie*", Leipzig 1907.
[75] WRIGHTON, M. S., GINLEY, D. S., SCHROEDER, M. A. und MORSE, P. L.: Pure Appl. Chem. **41** (1975), 671.
[76] WEISSENFELS, M., LIPPMANN, E. und PUNKT, J.: Z. Chem. **20** (1980), 133.
[77] PRACEJUS, H.: „*Koordinationschemische Katalyse Organischer Reaktionen*", Steinkopf, Dresden, 1977.
[78] MASTERS, C.: "*Homogeneous Transition Metal Catalysis — A Gentle Art*", Chapman and Hall, London, 1981.
[79] STROHMEIER, W.: CZ-Chem.-Tech. **4** (1975), 433.
[80] WRIGHTON, M. S., GRAFF, J. L., KALAUSKAS, R. J., MITCHENER, J. C. und REICHEL, C. L.: Pure Appl. Chem. **54** (1982), 161.
[81] TURNER, J. J. in: "*Transition Metal Chemistry*" (Hrsg.: A. MÜLLER und E. DIEMANN), Verlag Chemie, Weinheim, 1981.
[82] WUBBELS, G. G.: Acc. Chem. Res. **16** (1983), 285.
[83] ALBINI, A.: Acc. Chem. Res. **17** (1984), 234.
[84] HENNIG, H., THOMAS, P., WAGENER, R., ACKERMANN, M., BENEDIX, R. und REHOREK, D.: J. Signalaufzeichnungsmat. **9** (1981), 269.
[85] HATCHARD, C. G., PARKER, C. A.: Proc. Roy. Soc. **A 235** (1956), 518; J. Phys. Chem. **63** (1959), 22.
[86] HENNIG, H., BENEDIX, R. und BILLING, R.: J. prakt. Chem. **328** (1968), 829.
[87] ALLEN, G. C. und HUSH, N. S.: Progr. Inorg. Chem. **8** (1967), 357.
[88] HEIN, F. und HEYN, B.: „*Chemie der Komplexverbindungen*", Hirzel, Leipzig, 1978.
[89] COTTON, F. A. und WILKINSON, G.: „*Anorganische Chemie*" (4. Aufl.), Verlag Chemie , Weinheim, 1982.
[90] KOSAR, J.: "*Light Sensitive Systems*", Wiley, New York, 1965.
[91] BÖTTCHER, H. und EPPERLEIN, J.: „*Moderne Photographische Systeme*", VEB Verlag für Grundstoffindustrie, Leipzig, 1983.
[92] GRÄTZEL, M. (Hrsg.): "*Energy Resources through Photochemistry and Catalysis*", Academic Press, New York, 1983.
[93] ZAMARAEV, K. I. und PARMON, V. N.: Catal. Rev.-Sci. Eng. **22** (1980), 261; Usp. Khim. **52** (1983), 1433.
[94] OSTWALD, W.: „*Die Mühle des Lebens*", Thomas, Leipzig, 1911.
[95] KUTAL, C.: Coord. Chem. Rev. **64** (1985), 191.
[96] PFOERTNER, K. H.: J. Photochem. **25** (1984), 91.
[97] TIMPE, H. J.: Mittlgsbl. Chem. Ges. DDR **30** (1983), 33.

8. Sachregister

Die Verfasser

- behandeln die Grundlagen der Photochemie von Koordinationsverbindungen
- erläutern das Prinzip der Photokatalyse auf der Basis lichtempfindlicher Koordinationsverbindungen
- diskutieren Probleme der langwelligen spektralen Sensibilisierung von Photoreaktionen
- zeigen Möglichkeiten der Anwendung sowie die Grenzen photokatalytischer Reaktionen in Verfahren der silberfreien Bildaufzeichnung, der organischen Synthese und der Sonnenenergiewandlung

WISSENSCHAFTLICHE TASCHENBÜCHER

FSC
www.fsc.org
MIX
Papier | Fördert
gute Waldnutzung
FSC® C083411

Zeitfracht Medien GmbH
Ferdinand-Jühlke-Straße 7
99095 Erfurt, Deutschland
produktsicherheit@kolibri360.de